U0688219

别乱穿！找准你的专属色

四季十二型人色彩穿搭图解

郭子愈 著

江苏人民出版社

图书在版编目（CIP）数据

别乱穿！找准你的专属色 ：四季十二型人色彩穿搭
图解 ／ 郭子愈著. —— 南京 ：江苏人民出版社，2025.
6. —— ISBN 978-7-214-30461-2

Ⅰ. TS941.11-64

中国国家版本馆CIP数据核字第2025JK1928号

书　　　　名	别乱穿！找准你的专属色　四季十二型人色彩穿搭图解	
著　　　　者	郭子愈	
项 目 策 划	凤凰空间／翟永梅	
责 任 编 辑	刘　焱	
特 约 编 辑	翟永梅	
出 版 发 行	江苏人民出版社	
出版社地址	南京市湖南路1号A楼，邮编：210009	
总 经 销	天津凤凰空间文化传媒有限公司	
总经销网址	http://www.ifengspace.cn	
印　　　　刷	雅迪云印（天津）科技有限公司	
开　　　　本	889 mm×1 194 mm　1/32	
字　　　　数	72千字	
印　　　　张	4.5	
版　　　　次	2025年6月第1版　2025年6月第1次印刷	
标 准 书 号	ISBN 978-7-214-30461-2	
定　　　　价	49.80元	

（江苏人民出版社图书凡印装错误可向承印厂调换）

前言

随着时代的发展，人们对时尚的理解与审美观也悄然发生了变化，无论服饰、妆容还是饰品，都从最开始的模仿与从众，慢慢发展成想凸显个性，追求与众不同。更贴合个人特征的专属色顺应这一需求应运而生，并受到越来越多时尚人士的关注。色彩那么多，为什么要用专属色呢？

作为一名色彩搭配师和诊断师，在从业的十年间，我发现很多客户对色彩选择有各种各样的困惑：衣柜里彩色的衣服因不知道如何搭配总是落单；明明很喜欢一件彩色的上衣，却因不知道该和什么颜色的下装搭配而被迫闲置；同样颜色的一件衣服，别人穿起来很灵动，穿在自己身上却显得沉闷；妆容明明很用心，但效果却不尽如人意……出现这些问题的根源在于她们不知道哪些色彩适合自己，而那些色彩就是她们的专属色。

找到专属色很难吗？别担心，四季型色彩理论的出现为我们找到专属色奠定了基础。四季型色彩理论是根据人的肤色、发色、瞳色等外貌特征，结合色彩三要素，总结出的适用于大部分人的四类色彩范围。通过多年实践，这一理论得到了服装、彩妆行业专家的认可，并由四种类型的色彩进一步细分出十二种类型，即四季十二型色彩。只要掌握了十二种类型的划分方式，就能轻松找到自己所在的细分类型所对应的色彩，即专属色。

相较于彩妆和饰品，服饰色彩在身体上的占比更大，如果服饰色彩选错了，彩妆和饰品的色彩呈现就会大打折扣。因而本书重点介绍四季十二型的判断方法及其对应的四季十二型人服饰专属色，与其搭配的彩妆和饰品颜色不再详述。

　　内心澄静，创作时才能更加专注，这里要感谢我的女儿，因为她是个作息规律的小婴儿，所以我才有更多时间安心写作；感谢家人和朋友的鼓励，让我一直在配色事业中奋斗，从而有经验可以和大家分享；感谢插画师高静的高效配合、设计师高飞专业图片的大力支持。

　　囿于时间与水平所限，本书还有诸多不足之处，希望与热爱色彩、研究色彩的朋友们共同探讨学习，让越来越多的人了解专属色，提升色彩审美水平，选色、用色轻而易举。

著者

2025 年 6 月

目录

第六章　破解色彩选择困局

第七章　四季十二型人色彩穿搭实例

第一章

溯源与兴起：
色彩演变与专属色的诞生

一、历史长河中的色彩印记——从传统到现代

1. 传统服饰色彩中的民族文化

　　用色彩装扮自身，尤其是将其运用于衣物装饰，这无疑是人类最原始的审美行为。古今中外，服饰色彩都有着至关重要且无法被取代的地位。纵观中国古代服饰发展史，各朝各代都有其独特的服色制度：秦朝崇尚黑色，汉朝崇尚赤色，唐朝最爱绯红，唐宋后世，帝王以黄色为尊。青、红、黑、白、黄等自古有之的颜色，也彰显了大国贵气，引领了一波又一波的时代潮流。

　　我们的邻国，如日本、韩国和朝鲜，他们传统服饰的色彩也非常有本民族特色。日本传统和服颜色柔和淡雅，视觉上给人一种朦胧感，显得柔美、静谧，符合日本人克制与冷淡的审美。而韩国与朝鲜的传统服饰，有着更强烈的明亮度与鲜艳度，整体看上去明艳活泼，符合他们外向的个性。中世纪的欧洲，更是以服饰颜色进行阶级划分，贵族的橙色、紫色与平民的棕色、灰色，有强烈的视觉对比，身份特征一目了然。

可见，不同的国家有着不同的审美，这种审美植根于其国家的性格中，让人们在看到他们的服饰色彩时就能感受到这个国家人民的气质。同样的，这个国家人民的性格也外化于服饰的色彩之中。

2. 时代脉搏下的服饰色彩与审美变迁

到了近现代，服饰色彩依然深深影响着人们生活的方方面面。烽火年代人们的隐忍与克制，使浊色调、灰调的颜色在穿着上多有体现；千禧年代的活力与张扬，让鲜艳靓丽的颜色遍布大街小巷，也穿在每个人的身上；近些年来流行的莫兰迪色系、美拉德色系，也与经济发展和时尚审美息息相关。服饰色彩是一个时代的缩影，时代背景色对于个人的服饰色彩同样影响深远。

在经济快速发展的当下，人们对于色彩有了新的追求，不再一味地做时代的背景板，更多人开始追求能彰显自身独特气质的色彩。在各类媒体平台上，不少穿搭博主凭借对色彩的精妙运用，充分彰显出独特个性，进而获得了大批"粉丝"的追捧。

二、色彩的变革——专属色的诞生与意义

1. 专属色的诞生

当色彩不再被时代背景所束缚，更多人开始寻找与自身特征更加契合的色彩，即专属色，涵盖服装、彩妆、饰品用色等方面。

2. 专属色的价值探寻

为什么要用专属色呢？以面试为例，很多人在面试时会选择黑色的正装，虽然很多人穿黑色会很有气质，但有些人穿上却显得沉闷，看上去没精神，从而在面试中处于劣势。在了解专属色后，不适合黑色的人可选择米色系、灰色系、海军蓝色系等适合自己的颜色，这些颜色让人看起来神采奕奕，从而有助于获得面试官的青睐。

还有的人经常会关注一些穿搭博主或艺人，并模仿她们的穿衣。但很多时候，同样一件衣服，自己穿上的感觉却和他们完全不同。比如白色衣服，博主穿非常显白、有精神，自己穿却显得气色黯淡；还有金色、银色这类金属色，博主穿起来酷感十足，而自己穿上却平平无奇甚至有些怪异；还有很多人喜欢的玫红色，博主穿上显得气色红润，自己穿时则显得浮夸和土气。

为什么会出现这种差别呢？这是因为即使身材相似的两个人，在颜色的适配度上也可能大相径庭。当大家有了专属色的意识之后，便能避免盲目跟风穿错衣。

　　如何才能精准又快速地找到自己的专属色呢？下文将带领大家一步步开启寻色之旅。

第二章

判断肤色冷暖，
推开专属色之门

一、手腕观察法判断肤色冷暖

　　想要找到专属色，首先要了解自己的皮肤属于冷色还是暖色，可以说判断肤色冷暖是打开专属色大门的第一步。如何判断肤色的冷暖呢？教大家一个简单的方法：手腕血管观察法。我们手腕内侧血管的颜色或多或少会有些不同，有人的血管呈蓝紫色，有人是绿色，还有一种人既有蓝紫色，又有绿色。这种区别是由人体内血红素、核黄素和黑色素的含量决定的。

　　当人体血红素含量高时，手腕血管的颜色会呈现蓝紫色，这就是很明显的冷色信号，基本上可以判定为冷肤色。当人体核黄素含量高时，手腕血管的颜色则呈现黄绿色，这就是比较明显的暖色特征，可以判定为暖肤色。

　　皮肤的这种冷暖色也可以说是人的基因色，它不会随环境改变和年龄增长而发生变化。比如有的人生下来皮肤白皙，虽然也会被晒黑，但黑的是皮肤表面，不会影响皮下的底色。

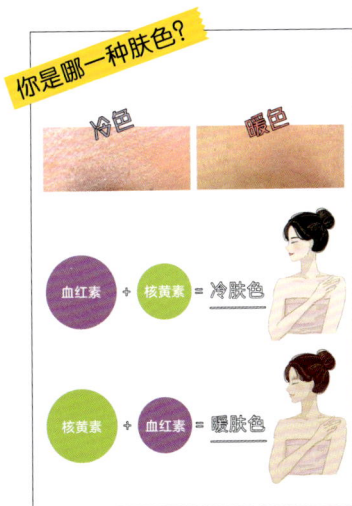

你是哪一种肤色？

冷色　　暖色

血红素　＋　核黄素　＝　冷肤色

核黄素　＋　血红素　＝　暖肤色

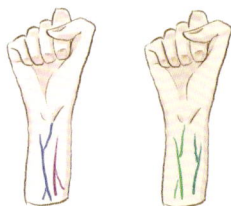

　　为了让大家有更直观的感受，请看右面两幅图。左图蓝紫色血管的皮肤是冷色，右图绿色血管的皮肤就是暖色了。

　　如上所述，还有一种人的手腕内侧血管既有蓝紫色，又有黄绿色，这类属于介于冷暖肤色之间的中性肤色。若想在中性肤色的基础上再进一步判断冷暖，可以借助一些金色和银色的饰品。如果金色饰品贴合肤色，则是中性偏暖；如果银色饰品更贴合肤色，则是中性偏冷。这里说的"贴合"并不是使肤色"显白"，而是要看哪个颜色被皮肤"吃"进去，即饰品的颜色显得没有那么突出。

二、依据肤色冷暖，轻松避开用色雷区

　　我们经常能看到彩妆的销售人员和博主，通过判断肤色冷暖的方法，为消费者推荐粉底、眼影、腮红以及口红的颜色。这种判断方式直观易懂，能让人快速找到适配的彩妆色彩，而且可以在用色时避开一些"踩雷"的颜色。比如在选粉底时，冷肤色的人适合偏粉色的粉底，暖肤色的人适合偏黄色的粉底，即冷肤色选冷色系，暖肤色选暖色系。而在不了解肤色冷暖时，经常会发生选错粉底颜色的情况。如某些品牌推出了爆款的粉底、粉霜时，很多人会跟风去买，但是用了之后却发现并不适合自己，甚至感觉灰扑扑的不显气色，这就是在判断肤色冷暖这一步上出了错。

除了彩妆，冷暖肤色的判断也可以帮助我们挑选合适的金银饰品。比如很多珠宝品牌的基础款或者爆款都会包含金色、银色和玫瑰金色。冷肤色的人应该选择银色饰品，暖肤色的人应该选择金色饰品，中性肤色的人应该选择比较中性的玫瑰金色，这样才能让饰品的颜色和自身肤色更贴合。如果单纯为展示饰品，则可以选择相反的肤色来突出饰品。比如想要展示一件金色的珠宝，则可以请来冷调皮肤的模特，这样可以让金色珠宝的颜色更加突出，从而让人印象深刻。

同样的，大家在买包的时候也会发现，品牌的经典款或是畅销款，总会同时出一款带有金色金属配件和一款带有银色金属配件的包。包的颜色和皮质往往一模一样，差别就在金属配件上，这就是因为有的人背银色链条的包更好看，而有的人更适合金色链条的包。可见，了解肤色的冷暖后，可以在很多方面避免用色雷区。

三、肤色冷暖与穿衣选色的关联

判断出肤色冷暖就可以找到自己的专属色了吗？答案是还不够。知道了肤色的冷暖，在彩妆和饰品颜色的选择上基本可以了，但是在服饰色彩的选择上还远远不够。比如天气冷了，深棕色的大衣开始畅销，有的人明明是暖肤色，而深棕色也属于暖色，按照暖肤色选择暖色系的规律，应该能衬气色，但穿上后发现反而显得肤色暗沉了，这是为什么呢？

出现这种情况的一个重要原因，是只根据肤色的冷暖来选择服饰色彩还是会有偏差。想要在服饰色彩的选择上更准确，还要根据四季型色彩理论判断自己所在的季节类型，此时再判断一件衣服的颜色适不适合自己，准确性就会进一步提高。

由冷暖色延伸出四季型色彩

暖棕色

冷棕色

春、夏、秋、冬四个类型
分别适合的四组棕色

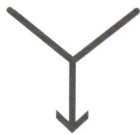

春季型　　　夏季型　　　秋季型　　　冬季型

第三章

迈进专属色之门：
四季型人判定攻略

四季型色彩理论起源于欧美，欧美人的肤色、发色等存在较大差异，基本上能够凭借外貌辨别出某人属于何种季节类型，进而找到与之对应的四季型色彩。后来，这套理论在亚洲流行起来。然而，亚洲人的肤色、发色差别相对较小，仅依据这些特征，往往难以准确区分个体间不同的季节类型。这时除了用肉眼根据外貌特征进行基本的判断外，还要借助色彩在服饰上的适用性做进一步判断。

一、色彩三要素——四季型人判定的核心

在进行四季型人的判定之前，我们要先了解色彩的基本概念，尤其是色彩的三要素，即色相、明度和饱和度，知道它们对服饰色彩的影响。这在判断自己是四季型甚至十二型中的哪一种季型时起着至关重要的作用。

1. 决定色彩属性的色相

色相是色彩呈现出的基本相貌，比如红、橙、黄、绿、青、蓝、紫就是七种不同的基本色相。色彩的冷暖都是由色相来体现的，色相是色彩理论中很重要的概念之一。在由十二种颜色组成的色相环里，可以划分成三个色系：以红、红橙、橙、橙黄、黄为代表的暖色系；以蓝绿、蓝、蓝紫为代表的冷色系；还有以黄绿、绿、紫和红紫为代表的中性色系，其中黄绿和红紫属于中性偏暖，绿色和紫色属于中性偏冷。

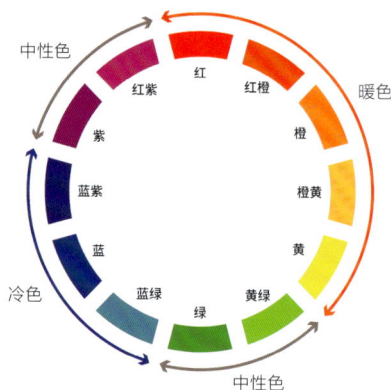

有的人肤色冷暖并不能一眼就看出来，这时就需要借助衣服的色相来辅助判断。比如有的人很适合黄色，这种暖色的衣服穿在身上会显得气色好，面部的瑕疵感也减轻了；相反，穿了蓝色，就没有那么好的效果。我们基本可以推测出，这个人是暖肤色。

色相还可以指导用色，当已知自己是暖肤色时，可以多用黄色系这类暖色，避免用蓝色系和紫色系这类冷色。

但在现实生活中，有的人明明是冷肤色，按照色相来看是不适合暖色的，可是穿一些红色的衣服效果还不错，这是什么原因呢？

这是因为同一个色相也会有冷暖之分，以红色举例，番茄红就是暖红色，草莓红就是冷红色。这就说明仅凭色相去寻找自己的专属色是不够的，还要看其他的因素。

2. 决定色彩深浅的明度

明度是指眼睛看到的色彩的明暗程度，比如从白色到黑色，中间会经历浅灰、中灰、深灰，其中明度最高的是白色，明度最低的是黑色，中间明度由高到低分别是浅灰、中灰、深灰。如下图所示，1—3 区间属于低明度，4—6 区间为中明度，7—10 区间是高明度，其中明度最低的是 1，最高的是 10。

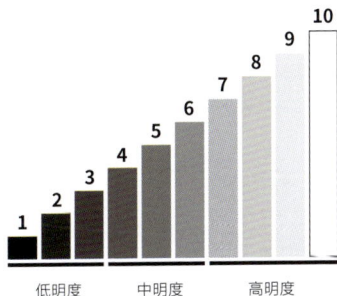

推及彩色，接近白色的浅色都是高明度色彩，如浅粉色、浅蓝色等；接近黑色的深色都是低明度色彩，如酒红色、海军蓝色等。

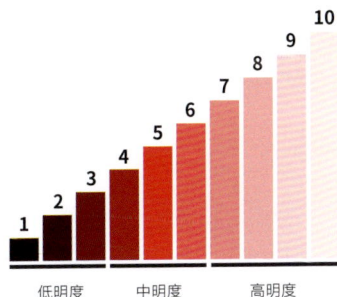

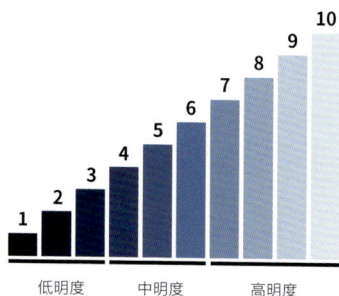

低明度　　中明度　　高明度

在四季型色彩的判断中，除色相外，还要参考明度。有的人适合低明度的颜色，穿黑色、炭灰色、海军蓝这类颜色会更显气色；而有的人适合高明度的颜色，穿白色、米色、婴儿蓝这类颜色会衬托得皮肤细腻。这是因为每个人适合的明度区间是不同的，找到自己适合的明度非常重要。

同一色系的明度也不同，下图展示了明度从高到低的一组红色上衣，要根据自己适合的明度区间进行选择。

最高　　　　　　　　　　最低

明 度

高　　　　　　　　　　　　　低

3. 决定色彩艳浊的饱和度

饱和度是指色彩的艳与浊，纯色是饱和度最高的色彩，也就是艳色。在纯色中混入不同程度的黑、白、灰，饱和度降低，就是浊色了。

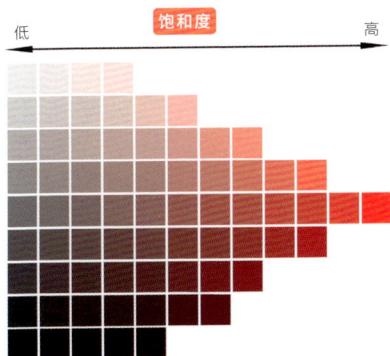

　　一种颜色由高饱和度变为低饱和度，共有三种情况：第一种是在纯色中加入白色，使色彩变浅淡；第二种是在纯色中加入黑色，使色彩变暗沉；第三种是在纯色中加入灰色，这时候色彩就会变得灰浊。这三种情况都属于纯色混合其他色彩，使原本的"艳"色变"浊"了。

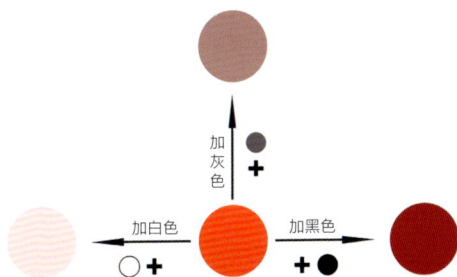

　　比如我们在逛街的时候会发现，同样是蓝色的上衣，有的色彩鲜艳饱满，有的则暗沉发闷，这就是因为饱和度不同，所呈现出来的颜色效果也不同。

还有蒙德里安的格子画和莫兰迪的画作，一个采用的是高饱和度的色彩，如大红色、正黄色；另一个多以低饱和度色彩为主，如灰粉色、雾霾蓝、淡粉色等。可见，颜色越清晰，饱和度越高；颜色越模糊，饱和度越低。

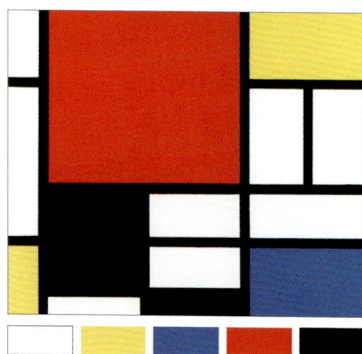

以上色彩的三要素，既是色彩里最重要的组成部分，又是我们在后文要讲述的四季型人甚至十二型人中需要用到的基本色彩概念。色相、明度和饱和度三者在判断个体属于何种季节类型的人时缺一不可。

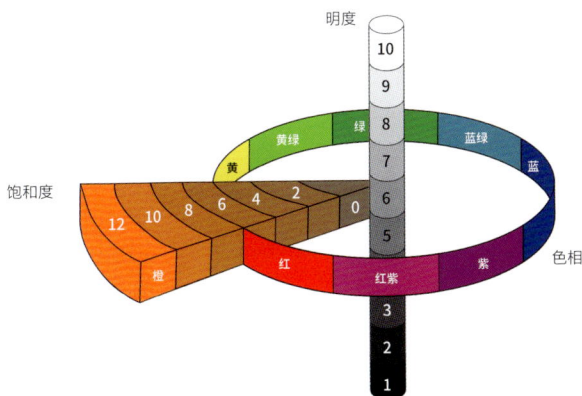

二、四季型人特征判定法——从外貌与用色洞察专属季型

在四季型人大类中，又可以细分为两类暖调型人，即春季型人、秋季型人；两类冷调型人，即夏季型人、冬季型人。通过冷暖肤色的判断，再结合色彩三要素，即适合冷色系色相还是暖色系色相、适合高明度颜色还是低明度颜色、适合高饱和度清晰颜色还是低饱和度灰浊颜色，综合考虑，可以进一步判断自己是四季型人中的哪种季型。

具体来说，暖肤色中，适合高明度、中高饱和度暖色系的人，为春季型人；适合低明度、中低饱和度暖色系的人，为秋季型人。冷肤色中，适合高明度、中低饱和度冷色系的人，为夏季型人；适合低明度和一小部分高明度、中高饱和度冷色系的人，为冬季型人。

除了用适用色彩去判断所属类型，还可以结合人的发色发质、瞳孔颜色等外貌特征进行辅助判断，然后再把外貌特征与用色特征结合进行分析，就可以得到一个比较准确的季节类型了。

1. 春季型人基本特征——明媚活泼

春节型人的基本特征可以概括为明度高、饱和度高、暖。

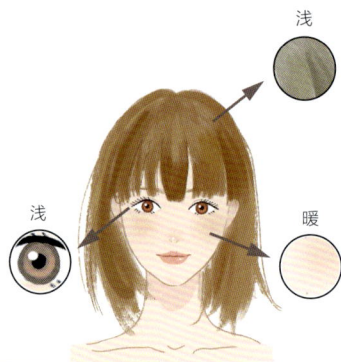

浅

浅　　　暖

春季型人是暖肤色，发色和瞳孔颜色均偏浅棕色；发丝比较细软。春季型人像早上八九点钟的阳光，明媚但又不会很热烈，让人感觉暖融融的。可以想象一下阳光洒落在新发的嫩芽上那种浅浅的光泽感，这就是春季型人给人的感觉：浅、亮、暖。

注：外貌特征是针对大部分人来讲的，有不同特征的人需再具体分析。

☑ **适合的色相**

☑ **适合的基础色**

☑ **适合的低明度色**

☑ **适合的中明度色**

☑ **适合的高明度色**

☑ **适合的低饱和色**

☑ **适合的中饱和色**

☑ **适合的高饱和色**

2. 夏季型人基本特征——温柔安静

夏季型人的基本特征可以概括为明度高、饱和度低、冷。

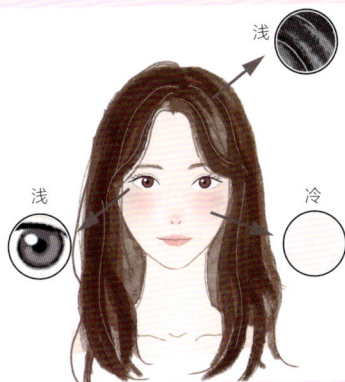

浅

浅

冷

夏季型人是冷肤色，发色和瞳孔的颜色是淡黑色或者褐色；发丝偏细软。夏季型人像初夏小雨前的阴霾，灰扑扑的蓝天透着清爽与微凉。想象一下阴雨绵绵时躺在家里看书时室内的光线，这就是夏季型人给人的感觉：浅、柔、冷。

☑ 适合的色相

☑ 适合的基础色

☑ 适合的低明度色

☑ 适合的中明度色

☑ 适合的高明度色

☑ 适合的低饱和色

☑ 适合的中饱和色

☑ 适合的高饱和色

3. 秋季型人基本特征——成熟稳重

秋季型人的基本特征可以概括为明度低、饱和度低、暖。

深

深

暖

秋季型人是暖肤色，皮肤的黄调更加明显；不同于同为暖调型的春季型人的是，秋季型人的发色和瞳孔的颜色是深棕色或者深褐色；发丝粗硬。秋季型人如夕阳西下时落日余晖洒落在街道上，也像斑驳的铁锈红色城墙，散落一地的金黄色银杏叶子，处处透露出温暖和质感。你能感受到秋季型人强烈的深、浓、暖。

☑ **适合的色相**

☑ **适合的基础色**

☑ **适合的低明度色**　　☑ **适合的中明度色**　　☑ **适合的高明度色**

☑ **适合的低饱和色**　　☑ **适合的中饱和色**　　☑ **适合的高饱和色**

4. 冬季型人基本特征——个性十足

冬季型人的基本特征可以概括为明度低（部分明度高）、饱和度高、冷。

深

深

冷

冬季型人是冷肤色，通常发色和瞳孔都是比较深邃的黑色，黑白眼球对比分明；面部轮廓清晰，发质比较粗硬。冬季型人像是夜空中的点点繁星，神秘而深邃，又像寒冷的冰雪天气，有极致的冷感，给人深、酷、冷的感觉。

☑ 适合的色相

☑ 适合的基础色

☑ 适合的低明度色

☑ 适合的中明度色

☑ 适合的高明度色

☑ 适合的低饱和色

☑ 适合的中饱和色

☑ 适合的高饱和色

三、四季型人色卡判定法——色卡速寻专属季型

如果对上面介绍的四种外貌特征的判断还是比较迷茫，那么可以借助色卡进行比对，这是一个非常直接的办法。比对时，将代表四季型色彩的色卡放在贴近面部的位置，看看四组颜色中哪一组的色彩和面部的融合度最高、最能淡化瑕疵感，以此来判断出自己是哪一种季节类型。如果还不能确定的话，可以拍成照片让身边的朋友帮忙看看。如果已经基本通过外貌特征判断出自己的季型，用色卡比对还能进一步印证判断的准确性。

第四章

深度解析
四季十二型人分类方法与适用色彩

　　判断出自己属于四季型人中的哪一种，就可以精准找到自己的专属色了吗？答案是还不能。随着四季型色彩理论的使用范围越来越广，有些人发现自己明明在某个类型中，却还适合另一个季节类型的部分颜色。比如，有的夏季型人使用适合春季型人的橘色彩妆也很合适，有的秋季型人使用适合夏季型人的灰粉色也不违和。这是为什么呢？

　　这是因为，纯正的四季型人在现实中并不多见，每个人或多或少都会存在一些偏型的情况。这时的用色就不能单纯按照一个季节类型去做选择，而是要结合更加细化区分的外貌特征和适用色中更具体的明度与饱和度范围综合考虑。正是由于这些具体特征的不同，我们把四季型人又进一步细分为四季十二型人，这样，大多数人都能在其中找到自己所属的季节类型和适用色彩了。

　　如何找到自己更细分的季节类型呢？下面我们从宏观用色特征到具体判断依据两方面系统介绍。

一、以基本用色特征分类四季十二型人

1. 三种春季型人

　　第一种春季型人，适合高明度的色彩，即使是浅蓝色这类颜色也能很好地运用，这是因为这类春季型人对于明度比较敏感，刚好和一部分适合高明度色彩的夏季型人有重合，这类人就属于春季型人偏夏季型人，属于四季十二型人中的浅春型人。

浅春型人

浅春型人 = 春季型人 × 夏季型人

适合春季型、夏季型色彩中的 高明度色彩

高明度春季型人
适用的春季型色彩举例

高明度春季型人
适用的夏季型色彩举例

第二种春季型人，适合亮暖调的颜色，可轻松驾驭各种橘色系和棕色系，这类春季型人用红、橙、黄这类暖色调非常合适，恰好和有的秋季型人用色重合，这类人就是春季型人偏秋季型人，属于四季十二型人中的亮春型人。

亮春型人

亮春型人 = 春季型人 × 秋季型人

适合春季型、秋季型色彩中的 亮暖调色彩

亮暖调春季型人
适用的春季型色彩举例

亮暖调春季型人
适用的秋季型色彩举例

第三种春季型人，适合饱和度高的颜色，鲜艳的红色、圣诞绿色、明黄色等都能驾驭，这类春季型人对于鲜艳的色系比较敏感，和有些冬季型人的用色特征一致，属于四季十二型人中的彩春型人。

彩春型人

彩春型人 = 春季型人 × 冬季型人
适合春季型、冬季型色彩中的 高饱和度色彩

高饱和度春季型人
适用的春季型色彩举例

高饱和度春季型人
适用的冬季型色彩举例

2. 三种夏季型人

第一种夏季型人，适合高明度的色彩，浅黄色和淡橘色用起来也不违和，这类夏季型人和浅春型人一样，用色以"浅"为基本特点，属于四季十二型人中的浅夏型人。

浅夏型人

浅夏型人 = 夏季型人 × 春季型人
适合夏季型、春季型色彩中的 高明度色彩

高明度夏季型人
适用的夏季型色彩举例

高明度夏季型人
适用的春季型色彩举例

　　第二种夏季型人，对饱和度敏感，适合饱和度低的浊色，只要饱和度足够低，哪怕灰黄色、灰橙色这类偏暖的颜色都可以用，这是因为这种夏季型人和一些秋季型人的用色接近，属于四季十二型人中的浊夏型人。

浊夏型人

浊夏型人 = 夏季型人 × 秋季型人

适合夏季型、秋季型色彩中的 低饱和度色彩

低饱和度夏季型人
适用的夏季型色彩举例

低饱和度夏季型人
适用的秋季型色彩举例

　　第三种夏季型人，和一部分冬季型人一样，适合冷调比较重的明亮色彩，比如玫粉色、天蓝色，他们用冷色系的颜色非常出彩，但不适合暖色系，这类夏季型人冷感十足，属于四季十二型人中的亮夏型人。

亮夏型人

亮夏型人 = 夏季型人 × 冬季型人

适合夏季型、冬季型色彩中的 亮冷调色彩

亮冷调夏季型人
适用的夏季型色彩举例

亮冷调夏季型人
适用的冬季型色彩举例

3. 三种秋季型人

第一种秋季型人，和亮春型人一样，适合暖调明显的暖色系，如橘色、黄色、橘红色等，在四季十二型人中属于浓秋型人。

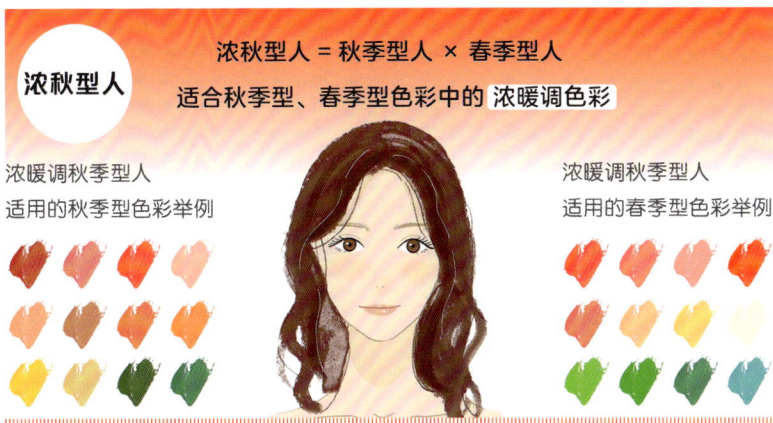

浓秋型人 = 秋季型人 × 春季型人
适合秋季型、春季型色彩中的 浓暖调色彩

浓秋型人

浓暖调秋季型人
适用的秋季型色彩举例

浓暖调秋季型人
适用的春季型色彩举例

第二种秋季型人适合饱和度比较低的色彩，这类秋季型人和浊夏型人一样，适合用一些带有灰调的颜色，比如灰粉色、灰蓝色。即使是冷色，只要饱和度低就可以使用，属于四季十二型人中的浊秋型人。

浊秋型人 = 秋季型人 × 夏季型人
适合秋季型、夏季型色彩中的 低饱和度色彩

浊秋型人

低饱和度秋季型人
适用的秋季型色彩举例

低饱和度秋季型人
适用的夏季型色彩举例

　　第三种秋季型人，和一部分冬季型人的用色特征类似，都适用明度低的颜色，比如深灰色、深绿色、酒红色这类深沉的颜色，在四季十二型人中属于深秋型人。

深秋型人

深秋型人 = 秋季型人 × 冬季型人
适合秋季型、冬季型色彩中的 低明度色彩

低明度秋季型人
适用的秋季型色彩举例

低明度秋季型人
适用的冬季型色彩举例

4. 三种冬季型人

　　第一种冬季型人，和彩春型人的适用色相似，都是以鲜艳的颜色为主，这种冬季型人在四季十二型人中属于彩冬型人。

彩冬型人

彩冬型人 = 冬季型人 × 春季型人
适合冬季型、春季型色彩中的 高饱和度色彩

高饱和度冬季型人
适用的冬季型色彩举例

高饱和度冬季型人
适用的春季型色彩举例

　　第二种冬季型人，适合冷调重的冷色系，和亮夏型人的适用色接近，如粉色、水红色、莓果色都很适合，同时也适合一些高明度的淡黄色、淡粉色这类视觉上有冷感的颜色。这种冬季型人是四季十二型人中的清冬型人。

清冬型人

清冬型人 = 冬季型人 × 夏季型人

适合冬季型、夏季型色彩中的 亮冷调色彩

亮冷调冬季型人
适用的冬季型色彩举例

亮冷调冬季型人
适用的夏季型色彩举例

　　第三种冬季型人，和深秋型人一样，适合明度低的颜色，深棕色、棕褐色都能驾驭，这种冬季型人在四季十二型人中属于深冬型人。

深冬型人

深冬型人 = 冬季型人 × 秋季型人

适合冬季型、秋季型色彩中的 低明度色彩

低明度冬季型人
适用的冬季型色彩举例

低明度冬季型人
适用的秋季型色彩举例

以上这些用色特征都是四季型色彩结合色彩三要素得到的。为便于大家理解，下面再用一张表格来直观感受它们之间的关联。

表　四季十二型用色特征汇总

季节类型	春季型人	夏季型人	秋季型人	冬季型人
春季型人	—	明度（高）	暖调（重）	饱和度（高）
夏季型人	明度（高）	—	饱和度（低）	冷调（重）
秋季型人	暖调（重）	饱和度（低）	—	明度（低）
冬季型人	饱和度（高）	冷调（重）	明度（低）	—

注：暖调指具有暖色系特征的颜色。

冷调指具有冷色系特征的颜色。

重指冷调比较重的亮色和暖调明显的暖色。

春 × 夏：高明度春季型 —— 浅春型人。

春 × 秋：亮暖调春季型 —— 亮春型人。

春 × 冬：高饱和度春季型 —— 彩春型人。

夏 × 春：高明度夏季型 —— 浅夏型人。

夏 × 秋：低饱和度夏季型 —— 浊夏型人。

夏 × 冬：亮冷调夏季型 —— 亮夏型人。

秋 × 春：浓暖调秋季型 —— 浓秋型人。

秋 × 夏：低饱和度秋季型 —— 浊秋型人。

秋 × 冬：低明度秋季型 —— 深秋型人。

冬 × 春：高饱和度冬季型 —— 彩冬型人。

冬 × 夏：清冷调冬季型 —— 清冬型人。

冬 × 秋：低明度冬季型 —— 深冬型人。

二、 巧用色彩工具，精准锁定十二型人的适用色彩

了解四季十二型人的基本用色特征之后，对自己是十二型中的哪一种，就有了大体上的判断，然后再从更加细化的外貌特征以及对应类型的适用色是否适合自己两方面进行具体分析就可以了。前面在介绍十二型人用色特征时，已经举例了一些具体的色彩，那么这些色彩的取色依据是什么？只能用这几个色彩来判断所属类型吗？要回答这个问题，还需要借助PCCS 色调图。

PCCS 色调图是色彩搭配中经常用到的色彩工具，它把色彩根据明度、饱和度的不同划分出十二个色相环，每个色相环代表一种色调。色调图中的色彩，由下往上，明度越来越高，色彩呈现出来的效果越来越浅；由左往右，饱和度越来越高，色彩呈现出来的效果越来越艳丽。色调图也是色彩的取色依据，通过色调图的分析，可以扩大用色的范围，不仅能通过色调图中的色彩找到适合自己的类型，还可以根据自己的类型，举一反三，找到更多适合自己的色彩。

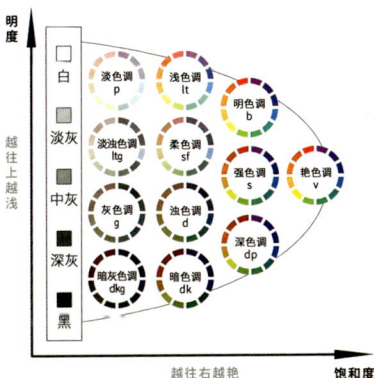

下面就从外貌特征与色调图两方面，对四季十二型人用色进行具体分析，大家可以根据自己的实际情况对号入座。每种类型都整理出了适用色和踩雷色供大家参考。

1. 高明度浅春型人——甜蜜的马卡龙色彩

外貌特征：春×夏，浅春型人的主要特征是春季型人特征，次要特征是夏季型人特征。这一类春季型人的外貌特征通常是肤色较白微黄，发质较软、发色为棕色，瞳色也是比较浅的棕色，五官不大。整体感觉活泼可爱、不张扬。浅夏型人适用的浅蓝色、浅紫色用起来也不违和。对于浓郁或者深重的色彩都不是很敏感。关键词：浅。

色调图用色分析：在春季型人的用色范围中（暖色、高明度色彩、高饱和度色彩），高明度色彩是浅春型人用色的重点。在明度很高的情况下，对于色彩冷暖的要求就没那么苛刻了。在色调图中，主要用色范围是淡色调、浅色调、明色调，同时也适合淡浊色调、柔色调中的暖调颜色，比如暖淡粉、浅水蓝、浅苔绿、净水色、浅黄色等。

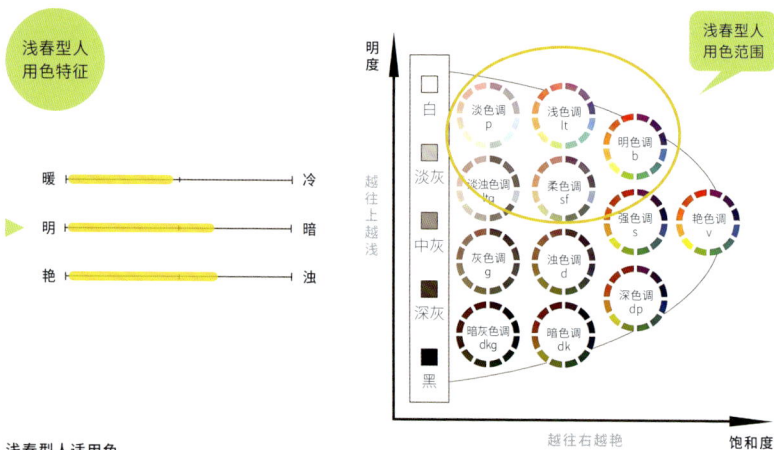

浅春型人适用色

浅春型人踩雷色

2. 亮暖调亮春型人——酸甜的果汁色彩

外貌特征：春 × 秋，亮春型人的主要特征是春季型人特征，次要特征是秋季型人特征。亮春型人的肤色偏暖黄，发质适中，原生发色呈棕色调，五官大小适中，瞳色是棕色或深棕色。这是一个富有活力感的类型，不太适合暗淡的深色系，用色偏明亮。关键词：亮。

色调图用色分析：在春季型人的用色范围中（暖色、高明度色彩、高饱和度色彩），暖色是亮春型人用色的重点。亮春型人非常适合黄调的颜色，在色调图中，主要用色范围是浅色调、明色调、艳色调和强色调，以及部分柔色调中的暖色，比如番茄红色、黄绿色、暖橘色、金黄色、松石绿色等。

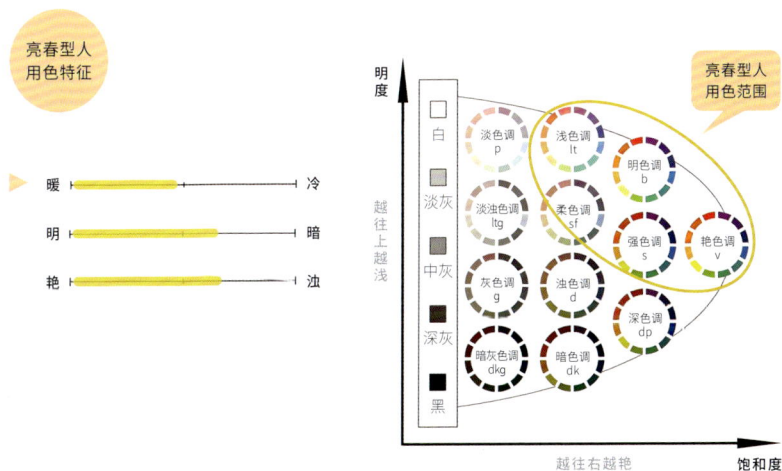

亮春型人用色特征

亮春型人用色范围

亮春型人适用色

亮春型人踩雷色

3. 高饱和彩春型人——浓厚的水果蛋糕色彩

外貌特征：春×冬，彩春型人的主要特征是春季型人特征，次要特征是冬季型人特征。这类人的皮肤黄调明显，发质适中，不软不硬，发色是深棕或者棕黑色。通常出现在活力四射、大五官的人群中，适合明艳浓郁的颜色，不太适合太浅淡或者饱和度低的颜色。关键词：彩。

色调图用色分析：在春季型人的用色范围中（暖色、高明度色彩、高饱和度色彩），高饱和度色彩是彩春型人用色的重点。在饱和度足够高、色彩足够明艳的情况下，即使是冷色也可以尝试，也是春季型中唯一适合黑色的偏型。在色调图中，主要用色范围是明色调、艳色调和强色调，比如珊瑚粉、橙黄色、亮绿色、暖紫色等。

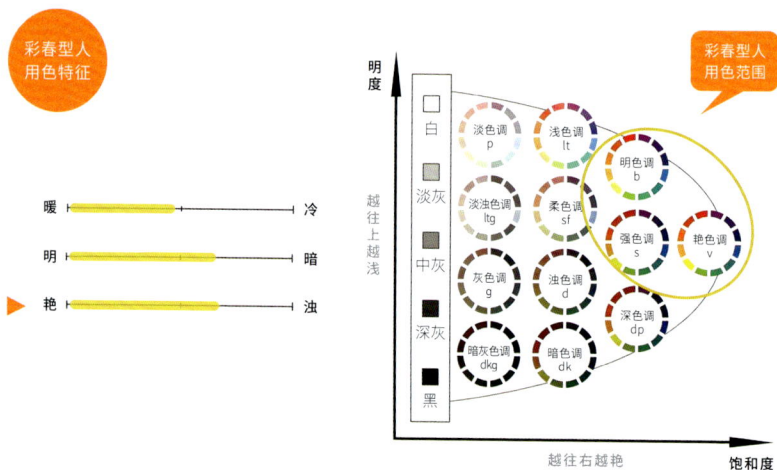

彩春型人用色特征

彩春型人用色范围

明度

越往上越浅

白	淡色调 p	浅色调 lt
淡灰	淡浊色调 ltg	柔色调 sf	明色调 b
中灰	灰色调 g	浊色调 d	强色调 s	艳色调 v
深灰	暗灰色调 dkg	暗色调 dk	深色调 dp
黑		

暖　明　艳 ▶ — 冷　暗　浊

越往右越艳　　饱和度

彩春型人适用色

彩春型人踩雷色

4. 高明度浅夏型人——清爽的奶昔色彩

外貌特征：夏 × 春，浅夏型人的主要特征是夏季型人特征，次要特征是春季型人特征。相对于浅春型人，浅夏型人给人的印象更柔和，外貌特征通常是皮肤白皙透粉，发色淡黑，发质细软，瞳色以黑色居多，五官较为小巧，不喜深色或浓郁色。关键词：浅。

色调图用色分析：在夏季型人的用色范围中（冷色、高明度色彩、低饱和度色彩），高明度色彩是浅夏型人用色的重点，浅棕色和浅黄色也可以用。在色调图中，主要用色范围是淡色调、浅色调、淡浊色调、柔色调，比如淡粉色、长春花蓝色、浅紫色。

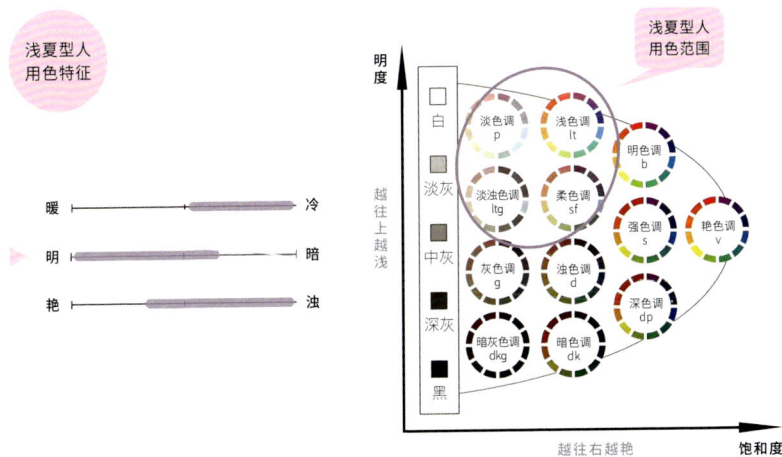

浅夏型人用色特征

浅夏型人用色范围

明度

白
淡灰
中灰
深灰
黑

越往上越浅

暖 — 冷
明 — 暗
艳 — 浊

淡色调 p　浅色调 lt
淡浊色调 ltg　柔色调 sf
明色调 b
强色调 s　艳色调 v
灰色调 g　浊色调 d
深色调 dp
暗灰色调 dkg　暗色调 dk

越往右越艳　饱和度

浅夏型人适用色

浅夏型人踩雷色

5. 低饱和度浊夏型人——柔和的莫兰迪色彩

外貌特征：夏 x 秋，浊夏型人的主要特征是夏季型人特征，次要特征是秋季型人特征。此种类型的人，头发和眉毛多为黑灰色、细软，皮肤有些柔灰不透亮的感觉，瞳色为黑色。过浅、过亮、过艳的颜色均不适合。关键词：浊。

色调图用色分析：在夏季型人的用色范围中（冷色、高明度色彩、低饱和度色彩），低饱和度色彩是浊夏型人用色的重点，选色有一些灰色调、稍稍浑浊一些的冷色最佳。在色调图中，主要用色范围是淡浊色调、柔色调、灰色调、浊色调，比如雾霾蓝、水泥灰、灰紫色、可可棕色等。

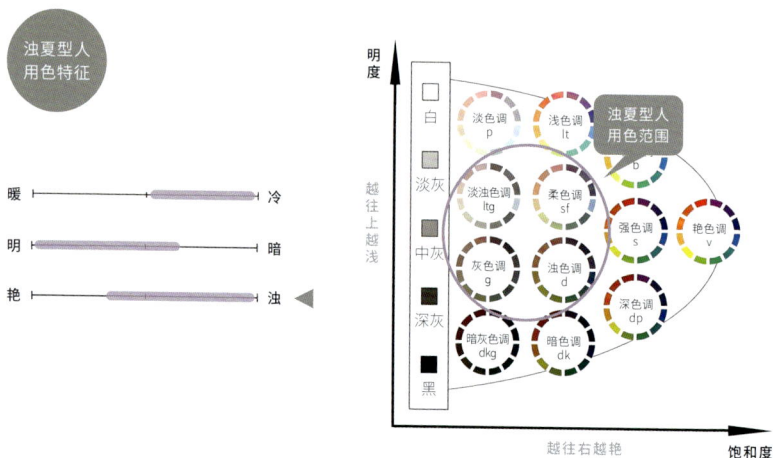

浊夏型人适用色

浊夏型人踩雷色

6.亮冷调亮夏型人——温柔的紫阳花色彩

外貌特征：夏 x 冬，亮夏型人的主要特征是夏季型人特征，次要特征是冬季型人特征。亮夏型人的发色偏黑，虽然细软但有光泽感，肤色透青，瞳色黑亮，柔中带刚，面部有轮廓感。关键词：亮。

色调图用色分析：在夏季型人的用色范围中（冷色、高明度色彩、低饱和度色彩），冷色是亮夏型人用色的重点。即使是冬季型人适用的一些高饱和度冷色，亮夏型人用起来也不会违和。在色调图中，主要用色范围是浅色调、柔色调、明色调、强色调，比如薰衣草紫色、水蓝色、蓝紫色等。

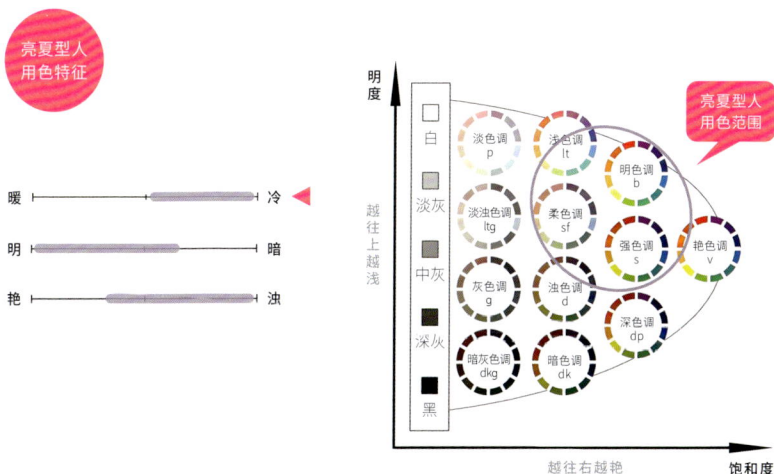

亮夏型人用色特征

| 暖 —— 冷 ◀ |
| 明 —— 暗 |
| 艳 —— 浊 |

亮夏型人用色范围

明度

越往上越浅

| 白 |
| 淡灰 |
| 中灰 |
| 深灰 |
| 黑 |

淡色调 p｜浅色调 lt｜明色调 b
淡浊色调 ltg｜柔色调 sf｜强色调 s｜艳色调 v
灰色调 g｜浊色调 d｜深色调 dp
暗灰色调 dkg｜暗色调 dk

越往右越艳　饱和度

亮夏型人适用色

亮夏型人踩雷色

7. 浓暖调浓秋型人——浓郁的美拉德色彩

外貌特征：秋 x 春， 浓秋型人的主要特征是秋季型人特征，次要特征是春季型人特征，带有春季型人的灵动。从外貌上看，肤色虽然黄，但相比于其他两个秋季型来说，黄调少一些，深眉大眼的感觉多一点，发量较多且呈深棕色，瞳色为棕色。关键词：浓。

色调图用色分析：在秋季型人的用色范围中（暖色、低明度色彩、低饱和度色彩），暖色是浓秋型人用色的重点。浓秋型人适合明亮的暖色，对冷色不敏感。在色调图中，主要用色范围是灰色调、浊色调、深色调、暗色调，比如土黄色、军绿色、暖蓝色、暖米色、灰棕色等。

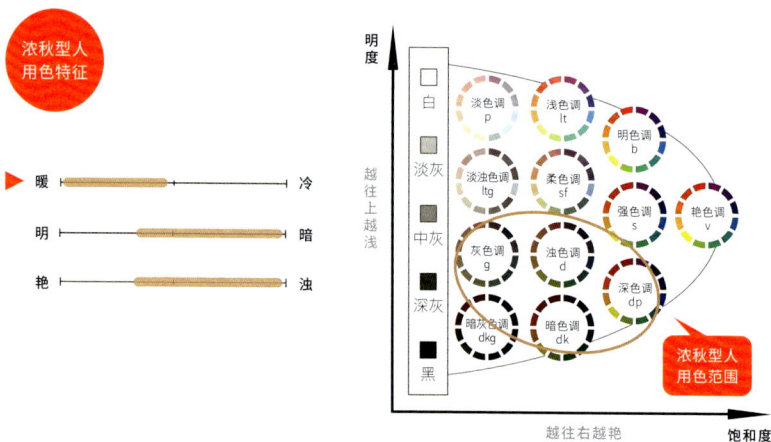

浓秋型人用色特征

暖 → 冷
明 → 暗
艳 → 浊

明度（越往上越浅）

白
淡灰
中灰
深灰
黑

淡色调 p　浅色调 lt　明色调 b
淡浊色调 ltg　柔色调 sf　强色调 s　艳色调 v
灰色调 g　浊色调 d　深色调 dp
暗灰色调 dkg　暗色调 dk

浓秋型人用色范围

越往右越艳　饱和度

浓秋型人适用色

浓秋型人踩雷色

8. 低饱和度浊秋型人——自然的麦田色彩

外貌特征：秋 x 夏，浊秋型人的主要特征是秋季型人特征，次要特征是夏季型人特征。从外貌上看，皮肤颜色有黄调，不通透，发质粗但不是很硬，发色是深棕色，几乎没有光泽感。瞳色是棕色，眼神会柔和一些，这个类型的人气质大于容貌。关键词：浊。

色调图用色分析：在秋季型人的用色范围中（暖色、低明度色彩、低饱和度色彩），低饱和度色彩是浊秋型人用色的重点。在饱和度比较低的情况下，一些冷调颜色也是可以尝试的。在色调图中，主要用色范围是灰色调、浊色调、淡浊色调、柔色调，比如驼色、深玫瑰色、铁锈红色、橄榄色、卡其色等。

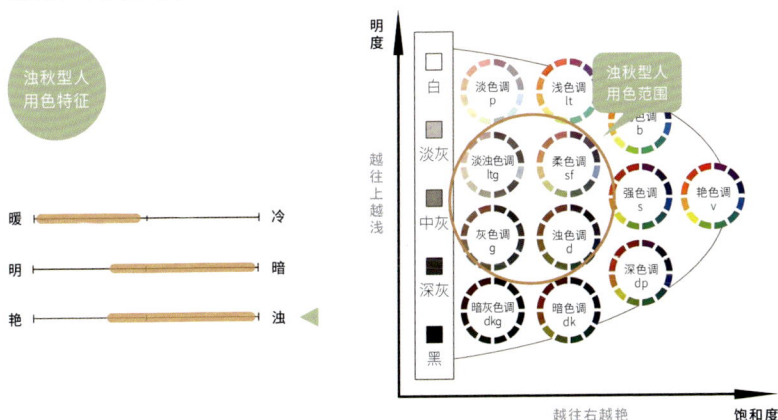

浊秋型人适用色

浊秋型人踩雷色

9. 低明度深秋型人——醇厚的咖啡色彩

外貌特征：秋×冬，深秋型人的主要特征是秋季型人特征，次要特征是冬季型人特征。这个类型的人肤色深黄，原生发色棕黑，瞳色是深棕色的情况比较多。面部会有一些轮廓感，和冬季型人有点像，但没有冬季型人的个性感。关键词：深。

色调图用色分析：在秋季型人的用色范围中（暖色、低明度色彩、低饱和度色彩），低明度色彩是深秋型人用色的重点，黑色、深蓝色这种颜色也适合。在色调图中，主要用色范围是深色调、浊色调、暗色调、暗灰色调，比如深棕色、青铜色、红木色、芥末黄色等。

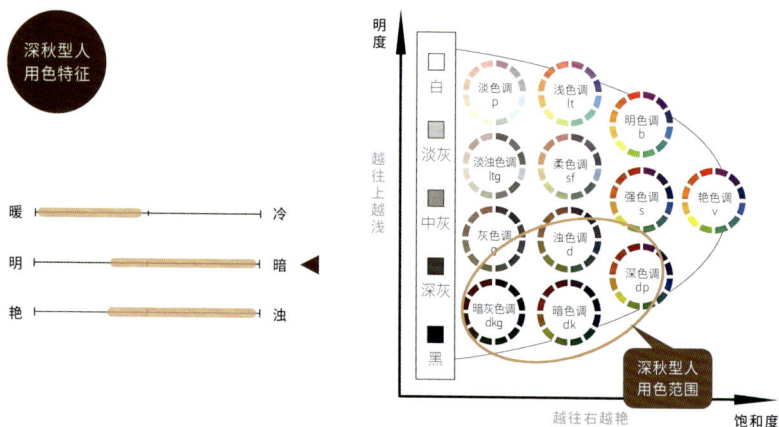

深秋型人适用色

深秋型人踩雷色

10. 高饱和度彩冬型人——动感的广告色彩

外貌特征：冬 x 春，彩冬型人的主要特征是冬季型人特征，次要特征是春季型人特征。如果说彩春型人给人的感觉是百花争艳，那么彩冬型人就是红梅映雪，他们肤色透青，发色以黑色居多，发质较为粗硬，面部轮廓感强，五官量感较大。关键词：彩。

色调图用色分析：在冬季型的用色范围中（冷色、低明度色彩和部分高明度色彩、高饱和度色彩），高饱和度颜色是彩冬型人用色的重点。这个类型的人应用任何撞色都很赞，比如紫黄、红蓝、黑白。在色调图中，主要用色范围是：强色调、艳色调、深色调，比如正红色、正黄色、正绿色、茄子紫色等。

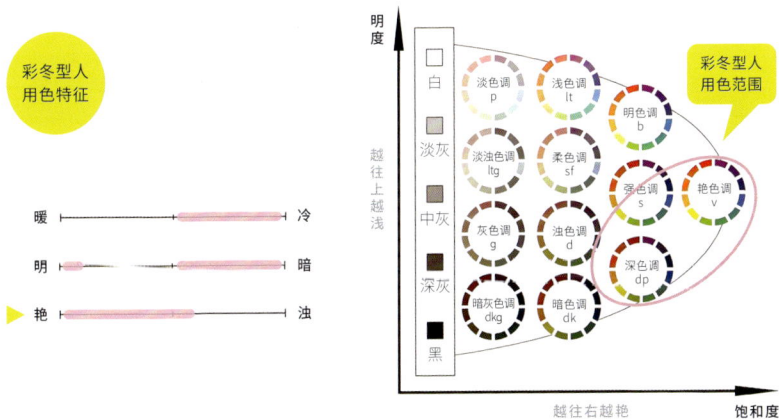

彩冬型人用色特征

彩冬型人用色范围

明度

越往上越浅

暖　　冷
明　　暗
艳　　浊

白　淡色调 p　浅色调 lt　明色调 b
淡灰　淡浊色调 ltg　柔色调 sf　强色调 s　艳色调 v
中灰　灰色调 g　浊色调 d　深色调 dp
深灰　暗灰色调 dkg　暗色调 dk
黑

越往右越艳　　饱和度

彩冬型人适用色

彩冬型人踩雷色

11. 清冷调清冬型人——清冷的冰雕色彩

外貌特征：冬 × 夏，清冬型人的主要特征是冬季型人特征，次要特征是夏季型人特征。这一类冬季型人在生活中比较常见，他们的肤色偏冷白，头发不是很粗硬，偏黑色，也有一些人是棕色，没有光泽感。下颌线线条明显，五官不大，但眼白和眼珠的颜色黑白分明，不够柔和。关键词：清。

色调图用色分析：在冬季型人的用色范围中（冷色、低明度色彩和部分高明度色彩、高饱和度色彩），冷色和部分高明度色彩是清冬型人用色的重点。这类人如果用暖色会削弱自身气质中的冷感，不能很好地融为一体。在色调图中，主要用色范围是淡色调、艳色调、强色调、深色调，比如淡粉色、冰蓝色、冰绿色、浅紫色、玫红色等。

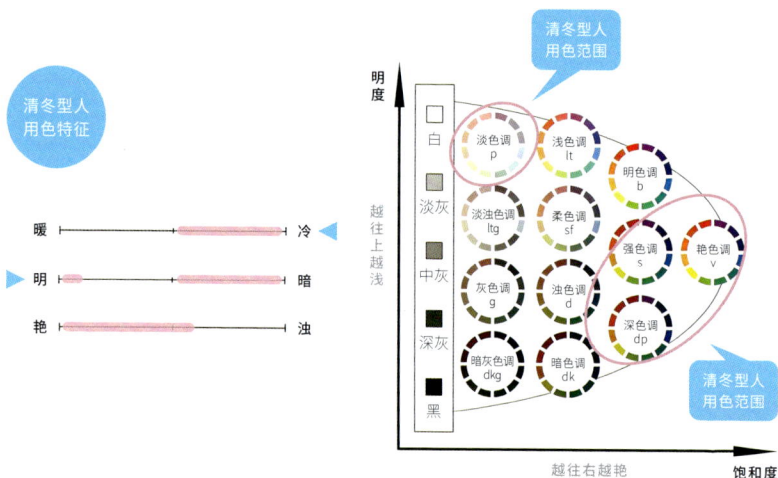

清冬型人用色特征

清冬型人用色范围

明度

越往上越浅

| 白 |
| 淡灰 |
| 中灰 |
| 深灰 |
| 黑 |

淡色调 p　浅色调 lt　明色调 b
淡浊色调 ltg　柔色调 sf
灰色调 g　浊色调 d　强色调 s　艳色调 v
暗灰色调 dkg　暗色调 dk　深色调 dp

清冬型人用色范围

越往右越艳　饱和度

暖　冷
明　暗
艳　浊

清冬型人适用色

清冬型人踩雷色

浓秋型

彩冬型

彩春型

亮夏型

浅春型

亮春型

浅夏型

浊夏型

浊秋型

深秋型

清冬型

深冬型

12. 低明度深冬型人——深邃的红酒色彩

外形特征：冬 × 秋，深冬型人的主要特征是冬季型人特征，次要特征是秋季型人特征。此类冬季型人肤色也是有冷感的深色，头发颜色很黑，粗硬发质比较多，瞳色很深，眼神坚定不柔和。这类人个性十足。关键词：深。

色调图用色分析：在冬季型人的用色范围中（冷色、低明度色彩和部分高明度色彩、高饱和度色彩），低明度色彩是深冬型人用色的重点。在明度低的情况下，无论冷色和暖色，都可以拼凑或者搭配，深色非常显气质。在色调图中，主要用色范围是暗灰色调、暗色调和深色调，比如黑色、深蓝色、深紫红色、森林绿色等。

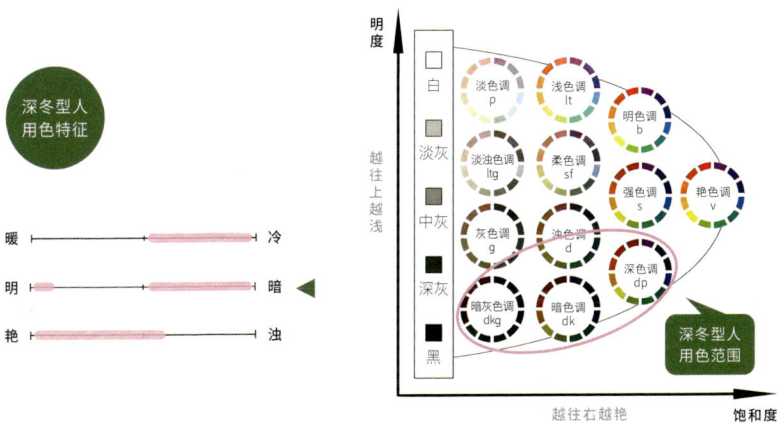

深冬型人适用色

深冬型人踩雷色

由此，通过冷暖肤色、四季型人判定后，结合更细致的外貌特征和用色特征划分出了四季十二型人。大家在寻找自己的具体类型时，也要按照先找到冷暖肤色，再判定四季型，最后再确定是十二型中的哪一种的顺序，就可以找到自己对应的专属色了。

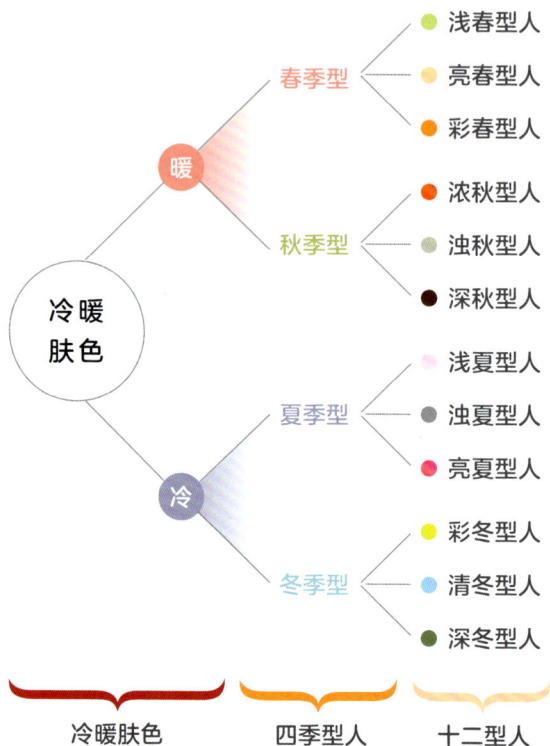

	春季型	浅春型人
		亮春型人
		彩春型人
暖		
	秋季型	浓秋型人
		浊秋型人
冷暖肤色		深秋型人
	夏季型	浅夏型人
		浊夏型人
		亮夏型人
冷	冬季型	彩冬型人
		清冬型人
		深冬型人

冷暖肤色　　四季型人　　十二型人

在四季型色彩理论的基础上，很多色彩爱好者结合面部风格划分出更细致的十六型人、二十四型人、三十六型人等等。立足于色彩的角度，很多类型的用色相似，可以合并在一起，十二型色彩基本适配于大多数人。每个季节类型对应的色彩有很多，可以满足生活中绝大多数场景的用色需求。

三、打破色彩界限，揭秘十二型人共用色

在上面十二型人基本用色特征中，举例了一些十二型人适用的色彩，由于十二型人中的每种类型都是由四季型人中的两个季节类型组合而成，所以在这部分的介绍中，也是分色调图和适用色两部分举例的。选择这些色彩的依据是什么呢？这里就具体分析十二型人用色的内在联系。

例如在日常的色彩诊断中，判定出一个人是浅春型人，那么他除了可以选择浅春型人本身的浅暖色之外，也可以选择浅夏型人的色彩进行搭配。反之，如果一个人确定是浅夏型人，那么他也可以用浅春型人的色彩。这是因为十二型色彩是由一个主要季节类型偏向于另一个季节类型而延伸出来的用色范围，所以十二型人存在不同类型间"共用颜色"的内在联系。

这种"共用颜色"的关系共有如下六组：浅春型人和浅夏型人共用明度高的颜色，亮春型人和浓秋型人共用暖调颜色，彩春型人和彩冬型人共用高饱和度颜色，浊夏型人和浊秋型人共用低饱和度颜色，亮夏型人和清冬型人共用冷调颜色，深秋型人和深冬型人共用明度低的颜色。

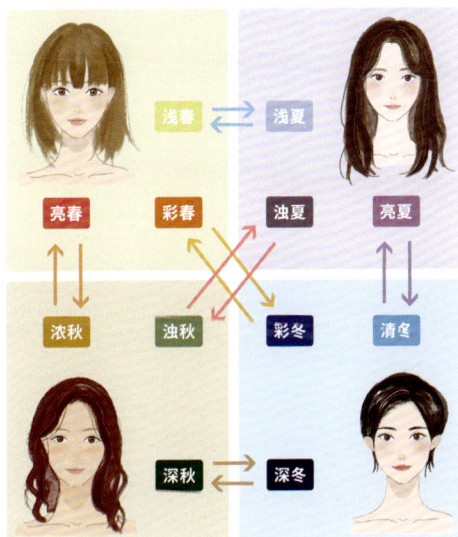

下面具体来看这六组十二型人共用色中经常出现的颜色，可以作为日常颜色选择时的参考。

1. 浅春型人与浅夏型人，明亮轻盈的组合

浅春与浅夏型人都适合明度高的颜色，也就是浅色。浅春型人想要减轻活泼感、增加温柔感时，可以选择浅夏型人的色彩。同样，如果浅夏型人想要增添活力感，也可以选择浅春型人的色彩。

2. 亮春型人和浓秋型人，温暖浓郁的组合

亮春和浓秋型人都适合暖调明显的颜色，也就是暖色。亮春型人想要稳重成熟感时，可以选择浓秋型人适合的色彩；浓秋型人想要充满青春朝气的感觉时，可以选择亮春型人适合的色彩。

3. 彩春型人与彩冬型人，活跃动感的组合

彩春和彩冬型人都适合饱和度高的颜色，也就是艳色。彩春型人要打造华丽感时，可以用彩冬型人的色彩；彩冬型人想要俏丽、朝气感时，可以选择彩春型人适合的色彩。

4. 浊夏型人与浊秋型人，雅致沉稳的组合

浊夏和浊秋型人都适合饱和度低的颜色，也就是浊色（有灰调的颜色）。浊夏型人想要自然气质的感觉时，可以用浊秋型人的色彩；浊秋型人要打造温柔气质的时候，可以选择浊夏型人的色彩。

5. 亮夏型人与清冬型人，清冷剔透的组合

　　亮夏和清冬型人都适合冷调明显的颜色，也就是冷色。亮夏型人想要清冷的感觉时，可以用清冬型人的色彩；清冬型人想要柔美感觉的时候，可以用亮夏型人适合的色彩进行搭配。

6. 深秋型人和深冬型人，庄重高雅的组合

　　深秋和深冬型人都适合明度低的颜色，也就是深色。深秋型人想要华丽、有个性的感觉时，可以使用深冬型人的色彩；深冬型人想要复古、奢华感的时候，可以用深秋型人的色彩。

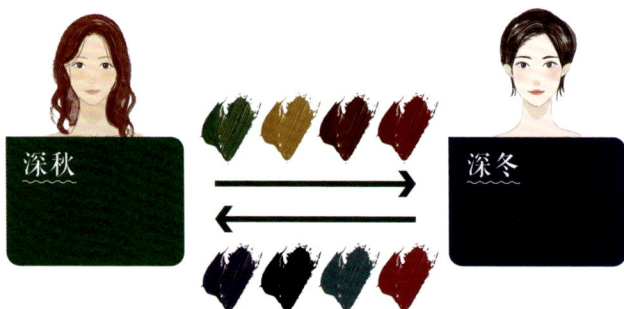

　　通过对十二型人"共用颜色"的分析，就解释了为什么有时候明明自己是春季型人，但穿浅蓝色也很好看；或者明明自己是夏季型人，用玫红色的口红依然很衬肤色。这些都是细分后的十二型人典型用色特征。

四、六种方法，巧搭十二型专属色

在日常穿搭配色中,不同的色彩搭配在一起,可以给人留下不同的印象。比如橘色和黄色搭配，能感受到色彩带来的温暖感，同时，也会有活泼、明媚的感觉；粉色和白色搭配，既有少女感，又有温柔、甜美的感觉。在了解自己所在类型的专属色之后，如何进行整体服饰的搭配呢？在这里给大家推荐六种常用的色彩搭配方法。

1. 同一色配色法

同一色配色法是指同一个色相，不同的明度和饱和度。以红色举例，酒红色和粉红色进行搭配，就是同一色配色，无论是酒红色还是粉红色，都是红色系的颜色，只是明度与饱和度不同而已。

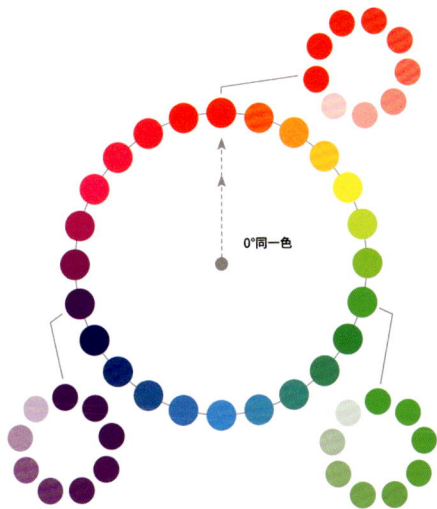

0°同一色

配色举例

配色视觉效果：协调、优美、整洁、统一

静　　　　　　动

适用于：浅夏型人、浊夏型人、浊秋型人、深秋型人

2. 同类色配色法

　　色相环中相隔15°角的两个颜色，就是同类色。比如玫瑰红色和红色、红色与橘红色等。

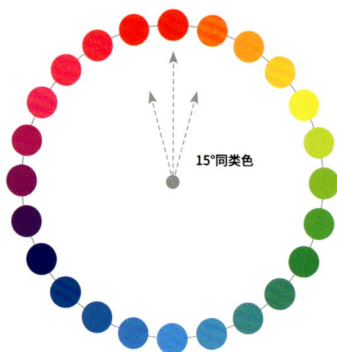

配色举例

配色视觉效果：安静、柔美、平和、简约

静　　　动

适用于：浅春型人、浅夏型人、浊夏型人、浊秋型人、深秋型人

3. 类似色配色法

　　色相环中相隔30°角的两个颜色，我们称之为类似色。比如红色和紫红色、红色和橘色等。

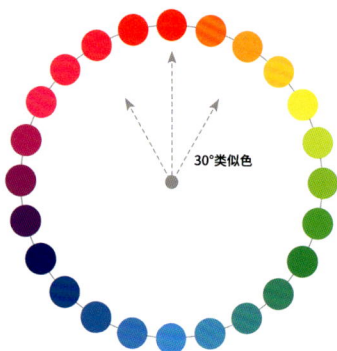

配色举例

配色视觉效果：自然、和谐、舒缓、平稳

静　　　动

适用于：浅春型人、亮春型人、浅夏型人、浊夏型人、亮夏型人、浓秋型人、浊秋型人、深秋型人和部分清冬型人

4. 中差色配色法

色相环中相隔 90°角的两个颜色，我们称之为中差色。比如红色与紫色、红色与黄绿色等。

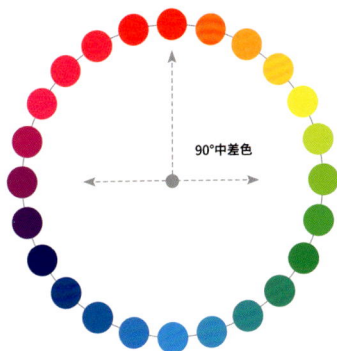

配色举例

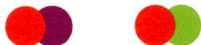

配色视觉效果：明快、张扬、丰富、鲜明

静 ├────────────┤ 动

适用于：亮春型人、彩春型人、亮夏型人、浓秋型人、清冬型人、彩冬型人

5. 对比色配色法

色相环中相隔 120°角的两个颜色，就是对比色。比如红色和蓝紫色、红色和绿色等。

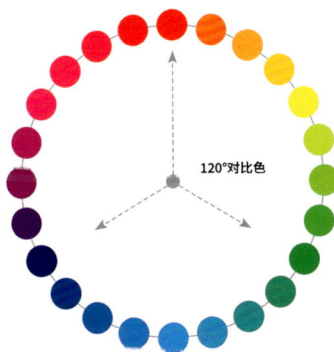

配色举例

配色视觉效果：热烈、灿烂、时尚、个性

静 ├────────────┤ 动

适用于：彩春型人、彩冬型人、清冬型人、深冬型人

6. 互补色配色法

　　色相环中相隔180°的两个颜色，就是互补色。比如红色和蓝色、紫色和黄绿色等。

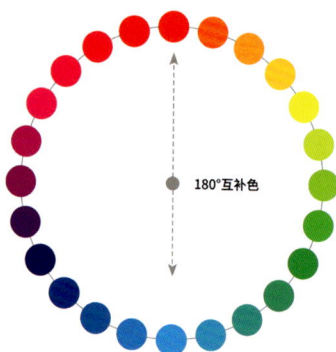

180°互补色

配色举例

配色视觉效果：生动、跳跃、强烈、夸张

静 ├─────────────────────┤ 动

适用于：彩春型人、彩冬型人、清冬型人、深冬型人

第五章

对号入座：
四季十二型人专属衣色指南

　　前面总结了四季十二型人适用的色彩，并介绍了六种配色方法，掌握了这些知识之后就可以进行衣服颜色的选择与搭配了。下面按照自己所在的季节类型，并根据前文提供的配色思路，来寻找自己的专属色吧。

一、浅春型人：几处早莺争暖树

1. 浅春型人的色彩印象与衣色推荐

　　色彩印象：浅春型人的色彩像是初春新生的万物，充满勃勃生机。缤纷的色彩在初春暖阳的照耀下，镀上一层浅浅的金色光芒。

　　浅春型人用色温暖、轻盈、活泼，给人留下元气满满的印象。

　　衣色推荐：浅春型人的服装配色建议以基础色搭配彩色，这样更加日常，对于搭配新手来说也是非常友好的。如象牙白、浅米色、米黄色、淡棕色、浅象灰色这类基础色，再根据所处的季节特征，小面积搭配高明度的红、橙、黄、绿、蓝、紫等任意颜色。

2. 四季穿搭配色推荐

◆（1）春季穿搭配色。

两种轻盈的色彩搭配，明媚靓丽。

柔美温暖，春意盎然。

展现出活力和时尚的感觉。

◆（2）夏季穿搭配色。

如沐春风般的少女感配色。

清新淡雅的盐系穿搭，充满活力。

非常适合春季型人在夏天使用的清爽穿搭配色。

◆（3）秋季穿搭配色。

很有秋季氛围感的黄绿配色。

高明度的橘粉色与棕色搭配，明亮且温暖。

动感中不失沉稳。

◆（4）冬季穿搭配色。

温暖中带有一点小张扬，凸显个性。

突出浅春型人的少女感，活泼可爱。

视觉上有温暖的感觉，同时又有明亮感，衬托肤色。

3. 不同场合穿搭配色推荐

◆（1）通勤穿搭配色。

暖灰色显得人干练有气质。

棕黄色系非常柔和，让人有亲近感。

◆（2）运动穿搭配色。

亮眼清新的桃粉色与蓝色碰撞，增添动感。

黄色活泼明快，搭配粉色少女感十足。

◆（3）宴会穿搭配色。

大自然的颜色——浅黄色，给人愉悦的色彩印象。

浅橘色给人热情、温馨的感觉。

◆（4）户外穿搭配色。

橘色与粉色的碰撞，热情中透露出少女感。

黄色搭配浅蓝色，时尚、充满活力。

4. 彩妆和饰品用色推荐

◆（1）彩妆用色推荐。

　　彩妆整体以珊瑚粉色系为主，且以浅淡为宜。因为唇膏和腮红颜色已用粉红色系举例，所以眼影部分强调了其他适合浅春型人的彩色系。

◆（2）饰品用色推荐。

　　浅春型人的饰品以浅亮的金色系为主。量感应较小，珍珠饰品就很适合。

二、亮春型人：桃花依旧笑春风

1. 亮春型人的色彩印象与衣色推荐

色彩印象：像进入了五彩缤纷的春天，花朵争相绽放，阳光所到之处，色彩都鲜亮起来。

亮春型人用色明亮、生动、青春感十足，让人眼前一亮。

衣色推荐：亮春型人的衣服颜色建议以有明亮感的暖色为主，比如黄色、橘黄色、橘红色、牛油果绿色、草绿色等。用这类明亮的暖色作为上衣的穿搭色，贴近面部使用可以提升面部的气色。对于远离面部的色彩选择并没有太多的限制，尽量在保证色彩协调的基础上，选择和上衣色彩协调的颜色。

2. 四季穿搭配色推荐

◆（1）春季穿搭配色。

平和沉稳中带有活泼感。

热情、富有活力，是亮春型人的标准配色。

有女人味的安静配色。

◆（2）夏季穿搭配色。

米色中和了红色系的暖感，
降低了视觉温度。●●

嫩绿与黄棕，
代表生机与活
力，兼具清新
的视觉效果。
●●

蓝绿色减轻橘黄的暖意，
增加了清爽感。●●

◆（3）秋季穿搭配色。

经典的黄与红，
打造出热情欢快
的氛围感。●●

暖而不厚重，
亮春型人秋
日首选配色。
●●

热情又温暖，
时尚感强。
●●

◆（4）冬季穿搭配色。

温馨、复古，不失高级感。

明媚与生机中透着沉稳和深邃。

舒适宁静，让人眼前一亮。

3. 不同场合穿搭配色推荐

◆（1）通勤穿搭配色。

专业、干练，让人有信赖感的配色。

时尚的美拉德配色，经典大气。

◆（2）运动穿搭配色。

蓬勃向上有朝气，富有生命力。

有层次感的配色，充满活力与激情。

◆（3）宴会穿搭配色。

令人心动的梦幻色彩。

上镜超美，给人富足、快乐的感觉。

◆（4）户外穿搭配色。

动静相宜，
同色系更加
协调。

具有视觉冲
击力，令人
印象深刻。

4. 彩妆和饰品用色推荐

◆（1）彩妆用色推荐。

　　彩妆色彩偏橘红，推荐质地
有亮泽感的彩妆。因为唇膏和腮
红颜色已用粉红色系举例，所以
眼影部分强调了其他适合亮春型
人的彩色系。

◆（2）饰品用色推荐。

亮春型人的饰品颜色应以浅金色为主，有光泽感的玫瑰金也可以。量感应适中，不宜过大或过小，珍珠类饰品和黄色系宝石均可选择。

三、彩春型人：万紫千红总是春

1. 彩春型人的色彩印象与衣色推荐

色彩印象：姹紫嫣红，百花齐放，在温暖的春日里，树木和花朵的色彩都明艳到了极致，在阳光下光彩夺目。

彩春型人用色鲜艳、灿烂、绚丽多彩，明艳的感觉让人过目不忘。

衣色推荐：彩春型人归根结底也是春季型人，服饰用色的大方向是暖色。但因为彩春型人的主要用色特点是饱和度高，所以在"暖"上可以稍稍淡化，只要色彩的饱和度够高，即使是蓝色、绿色、紫色这类颜色也可以用。多用对比色和互补色进行撞色搭配，对于彩春型人来说，不但不会杂乱，反而会显得时尚与前卫。

2.四季穿搭配色推荐

◆（1）春季穿搭配色。

时尚与青春的融合。

充满青春活力兼具甜美感。

神秘又充满活力。

◆（2）夏季穿搭配色。

动静结合，突出个性。

引人注目又不失优雅感。

少女感与清爽感兼具。

◆（3）秋季穿搭配色。

彩春型人能
完美驾驭的
明艳配色。

鲜艳的颜色
给人活泼的
印象。

个性鲜明，
一眼难忘。

◆（4）冬季穿搭配色。

令人感到
轻松愉悦
的配色。

非常适合
冬天的温
暖配色。

热情有活力，黑色平衡了
红色的张扬与热烈。

3. 不同场合穿搭配色推荐

◆（1）通勤穿搭配色。

成熟稳重的
通勤配色。

米色可以缓解黑
色的沉闷感，二
者相得益彰。

◆（2）运动穿搭配色。

彩春型人能很
巧妙地驾驭粉
色，再搭配蓝
色增加活力感。

更加鲜艳的黄
紫配色，明艳
有个性。

◆（3）宴会穿搭配色。

明艳大方，极
具女人味。

清新耀眼，
与众不同。

◆（4）户外穿搭配色。

最大限度地展
现彩春型人
的活力感。

特别醒目的
配色，很适
合户外。

4. 彩妆和饰品用色推荐

◆（1）彩妆用色推荐。

　　彩妆的色彩偏橘红，眼影可以使用亚光但饱和度比较高的颜色。唇膏用亚光或水润质地的都可以，突出彩春型人的"彩"，总之要多使用高饱和度的颜色。因为唇膏和腮红颜色已用红色系举例，所以眼影部分强调了其他适合彩春型人的彩色系。

◆（2）饰品用色推荐。

　　彩春型人的饰品以浅金色为主，黄金也可以尝试。量感可以较大，或者叠戴饰品。色彩浓郁的宝石，如帕拉伊巴、芬达石这一类的彩色宝石，佩戴起来效果都不错。

四、浅夏型人：清夏槐生风细细

1. 浅夏型人的色彩印象与衣色推荐

色彩印象：初夏清凉的早晨，薄雾中的紫阳花，透着淡雅温和的蓝色与紫色，清晨的阳光也是柔和的。

浅夏型人用色柔美、清浅、灵动。像浅春型人一样，干净明亮，给人澄净清澈的感觉。

衣色推荐：浅夏型人的服饰配色可以多用明度高的粉色系与紫色系，以突出该类型人的轻柔与淡雅，同时可以提升甜美感。穿搭配色遇到困难时，可以尝试用浅灰色、灰白色这类基础色进行搭配，效果也非常好。

2. 四季穿搭配色推荐

◆（1）春季穿搭配色。

同色系浅色穿搭，统一协调。

暖融融的穿搭配色很适合初春。

柔和的配色突出浅夏型人的安静柔美。

◆（2）夏季穿搭配色。

炎炎夏日里的一抹清新。

给人留下温柔、亲近的感觉。

安静中带有一丝俏皮的感觉。

◆（3）秋季穿搭配色。

蓝与灰搭配，安静与柔美同时展现。

暖而不厚重的配色，浅夏型人都可以尝试。

米色中和了浅粉色的冷，视觉上有温暖感。

◆（4）冬季穿搭配色。

经典又不失时尚感的
粉与棕。

尝试提高橘色
的明度，降低
整体的冷感。

甜而不腻，
慵懒而温柔。

3. 不同场合穿搭配色推荐

◆（1）通勤穿搭配色。

知性优雅，具
有亲近感。

气质感提升，
冷静睿智。

◆（2）运动穿搭配色。

少女感十足，轻
巧灵动。

清冷简约，
自带清爽感。

◆（3）宴会穿搭配色。

温婉东方美，具
有柔和的氛围感。

率性甜酷风，
精致大方。

◆（4）户外穿搭配色。

优雅、时尚的
色彩搭配，让
人过目不忘。

绿色富有生命力，
整体干净利落。

4. 彩妆和饰品用色推荐

◆（1）彩妆用色推荐。

　　彩妆的颜色以粉色系为主，水
润质地的唇膏和略有光泽感的腮红
是首选，眼影可以使用亚光质地的
产品，会更加贴合面部。浅夏型人
不太适合浓妆，所以在化妆时要注
意保持妆容的通透感。因为唇膏和
腮红颜色已用粉红色系举例，所以
眼影部分强调了其他适合浅夏型人
的彩色系。

◆（2）饰品用色推荐。

浅夏型人的饰品颜色首选有光泽感的银色。量感应较小，可以佩戴珍珠类饰品，3~4 毫米直径的小米珠项链就很适合。

五、浊夏型人：树阴照水爱晴柔

1. 浊夏型人的色彩印象与衣色推荐

色彩印象：夏末，繁茂的植物开始由盛转衰，夏日的清新感减弱，雾气感加重，正如歌词"天青色等烟雨"所描述的，有种灰调的美感。

浊夏型人用色淡雅、朦胧、低调、细腻纤柔，有氛围感。

衣色推荐：浊夏型人的服饰配色，建议以低饱和度的莫兰迪色系为主，灰粉色、雾霾蓝色等这类有灰调的冷色，用起来效果都不错。低饱和度的暖色也可以适当使用在日常穿搭中，用适合的颜色搭配灰色系或者海军蓝色这类基础色，是最简单好记的搭配思路。

2. 四季穿搭配色推荐

◆（1）春季穿搭配色。

优雅，有亲和力。

清爽平和的清新色系。

温柔优雅，体现女性的柔美感。

◆（2）夏季穿搭配色。

清凉感十足，同时带有松弛的氛围感。

贴合肤色，展现知性优雅的气质。

清新又不失稳重的和谐感。

◆（3）秋季穿搭配色。

棕色平衡紫色的冷感，突出优雅的气质。

休闲又减龄，低调又大气。

休闲感拉满，经典与时尚的结合。

◆（4）冬季穿搭配色。

适合冬日的简单干净的配色。

营造出宁静优雅的氛围感。

温柔大方，有亲和力。

3. 不同场合穿搭配色推荐

◆（1）通勤穿搭配色。

经典时尚，富有包容性的配色。

端庄稳重，有现代感。

◆（2）运动穿搭配色。

经典而不失清新的感觉。

淡淡的温柔气息，柔美、浪漫。

◆（3）宴会穿搭配色。

神秘感十足的柔美
色系，非常显气质。

冷静、自信
又不失高贵。

◆（4）户外穿搭配色。

相对鲜艳的
紫红色系让
人一眼可见。

自然的风
格，配色休
闲感十足。

4. 彩妆和饰品用色推荐

◆（1）彩妆用色推荐。

彩妆的颜色以低饱和度的粉色系为主，灰粉色就是不错的选择。唇膏和腮红选择亚光质地的效果会更好，总之要尽量选择饱和度较低的颜色。眼影首选亚光质地的产品，整体妆容不要太浓郁。因为唇膏和腮红颜色已用粉红色系举例，所以眼影部分强调了其他适合浊夏型人的彩色系。

◆（2）饰品用色推荐。

浊夏型人的饰品应尽量选择冷金属色，不要太闪亮。适合量感适中的饰品，如珍珠饰品，能凸显出浊夏型人的柔美气质。

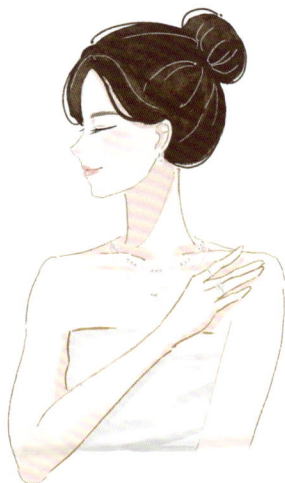

六、亮夏型人：满树嫩晴春雨歇

1. 亮夏型人的色彩印象与衣色推荐

色彩印象：盛夏时节，树木枝繁叶茂，柳绿花红，但时常阴雨，让通透的景色中有一种被雾色笼罩的感觉。

亮夏型人用色清爽、甜美、柔和。虽然清冷，但是柔美、明媚的气质让人印象深刻。

衣色推荐：亮夏型人的服饰，建议以冷调的饱和度稍高的色彩为主，可以多用浅蓝色、玫红色、粉色、薰衣草紫色这类颜色，无论是同色系叠穿还是相互搭配，效果都是不错的。也可以用浅灰色、中灰色这类颜色去中和比较明艳的颜色，让整体配色有一种平衡感。

2. 四季穿搭配色推荐

◆（1）春季穿搭配色。

冷艳与活力感并存的配色。

明亮的粉色系突出整体的柔美感。

鲜艳的色彩接近面部，气色更佳。

◆（2）夏季穿搭配色。

凸显女人味的优雅配色。

给人留下温柔又灵动的印象。

浅蓝色给视觉降温，给人清爽大方的感觉。

◆（3）秋季穿搭配色。

秋日暖调背景中的一抹蓝色。

凸显女性的温柔感。

使人产生亲近感的温暖配色。

◆（4）冬季穿搭配色。

灰色中和了红色的热烈，具有一种平衡的美感。 ● □ ●

随性又温柔的配色，非常显气质。 ● ●

标准冷色搭配，清爽自然。 ● □ ●

3. 不同场合穿搭配色推荐

◆（1）通勤穿搭配色。

温和不张扬，低调的配色。 □ ●

独特的时尚感，突出个性。 ● ●

◆（2）运动穿搭配色。

温柔又清新，
充满活力感。

鲜活的青春
感，元气女孩
必备。

◆（3）宴会穿搭配色。

展现女性
的柔美，
明媚动人。

有层次感，
淡雅而不
失从容。

◆（4）户外穿搭配色。

> 甜美浪漫又
> 有活力感。

> 冷静又不
> 失生机的
> 自然配色。

4. 彩妆和饰品用色推荐

◆（1）彩妆用色推荐。

　　彩妆的颜色以粉色系为主，唇膏和腮红可以选择饱和度比较高的粉色，比如玫粉色、玫红色，或者水红色，部分紫红色也可以尝试。眼影选择有些光亮感或者亚光的都可以。整体的底妆可以适当有一些光泽感。因为唇膏和腮红颜色已用粉红色系举例，所以以眼影部分强调了其他适合亮夏型人的彩色系。

◆（2）饰品用色推荐。

亮夏型人应首选亮银色的饰品，也适合冷色金属饰品。量感应偏大。比起珍珠类，宝石类的饰品更适合她们，宝石的光彩能衬托出更好的气色。

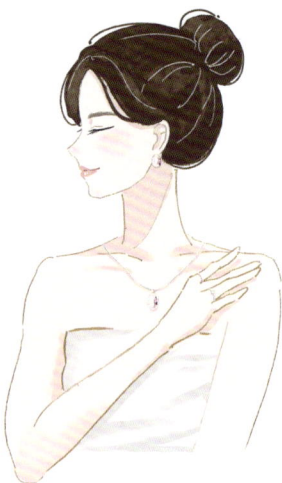

七、浓秋型人：最是橙黄橘绿时

1. 浓秋型人的色彩印象与衣色推荐

色彩印象： 入秋的时候，遍地金黄的银杏叶，映衬着砖红色的斑驳围墙，街边树木的叶子也由绿转黄，映入眼帘的色彩都变得浓郁起来。

浓秋型人用色浓郁、华丽、厚重，给人温暖艳丽、高贵典雅的印象。

衣色推荐： 浓秋型人的服饰配色，非常推荐浓郁的暖色系，比如牛油果绿色、姜黄色、砖红色等，也可以搭配深棕色、黄棕色这类基础色，让整体的穿搭配色看起来经典大方。浓秋型人的整体穿搭配色不能过于"静"，而应尽量做到在配色中有一到两个饱和度高一些的颜色，增加造型的动感。

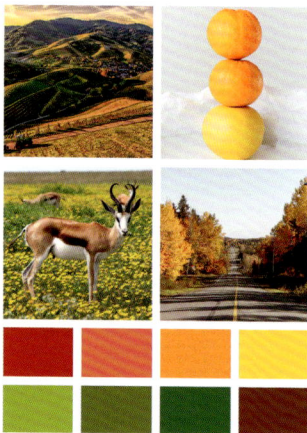

2. 四季穿搭配色推荐

◆（1）春季穿搭配色。

柔和静谧，
清新自然。

知性妩媚，彰
显浓秋型人
的浓郁气质。

温暖大方，让
人眼前一亮。

◆（2）夏季穿搭配色。

很有女人味
的粉红色
系，温馨而
不失雅致。

淡淡的温暖
中透着自然
与清爽。

低调百搭的
绿色与牛仔
的蓝色组
合，经典不
易过时。

◆（3）秋季穿搭配色。

偶尔尝试一
下对比色，
让穿搭色彩
更加鲜活。

有层次感，
静中有动。

和谐统一，
有时尚感。

◆（4）冬季穿搭配色。

棕色外套让整体
的穿搭配色动中
有静。

温馨的配色，
给人亲近、
和蔼的感觉。

充满温暖的
感觉，知性
又经典。

3. 不同场合穿搭配色推荐

◆（1）通勤穿搭配色。

专业又不
失温暖与
亲和力。

展现出知性
与高级感。

◆（2）运动穿搭配色。

既有活力又不至
于太动感，动中
有静。

热情，活力
满满，令人
心情愉悦。

◆（3）宴会穿搭配色。

通体的黄色展现浓秋的魅力，体现出温暖的气质。

浓郁的红色系，令人印象深刻。

◆（4）户外穿搭配色。

整体色彩统一，明亮、鲜艳。

凸显出浓秋型人的动感，色彩鲜明。

4. 彩妆和饰品用色推荐

◆（1）彩妆用色推荐。

　　彩妆的颜色以浓郁的暖橘色系为主，唇膏和腮红选择亚光质地，但色彩的饱和度要高一些。浓秋型人是三种秋季型人中对高饱和度颜色最敏感的季节类型，所以可以放心尝试用鲜艳的颜色。秋季型人都不太适合有光泽感的彩妆单品，所以眼影也尽量选择亚光质地。因为唇膏和腮红颜色已用粉红色系举例，所以眼影部分强调了其他适合浓秋型人的彩色系。

◆（2）饰品用色推荐。

　　浓秋型人可选择黄金色、亚光质地的饰品。量感要偏大，可选择复古又经典的款式，如较大的巴洛克风格饰品、其他有设计感的饰品都是不错的选择。

八、浊秋型人：草木摇落露为霜

1. 浊秋型人的色彩印象与衣色推荐

　　色彩印象：秋季中期，暑热渐渐退去，满地的落叶由黄色转为灰色，城市、乡间的色彩感逐渐减弱，灰黄成为主体颜色，迎接即将到来的深秋。

　　浊秋型人用色灰浊、含蓄、知性，气质自然、低调，有氛围感。

　　衣色推荐：浊秋型人适合莫兰迪色系的服饰颜色，低饱和度的黄色、橘色都是不错的选择，搭配浊夏型人适合的灰粉色、灰蓝色，在优雅中带有一丝甜美的感觉。也可以和基础色灰色、深灰色进行搭配，可以给人沉稳、值得信赖的感觉。

2. 四季穿搭配色推荐

◆（1）春季穿搭配色。

色彩过渡自然，沉稳大气。

柔和安静，有松弛感。

低调自然，凸显成熟气质。

◆（2）夏季穿搭配色。

优雅温柔
的暖色系
叠穿，体
验不同。

柔美有女
人味，具
有浪漫的
氛围感。

平和沉稳，
给人很休闲
的感觉。

◆（3）秋季穿搭配色。

灰色系与
浊秋型人
相得益彰，
展现优雅
气质。

温暖有质
感的颜色，
营造出自
然的感觉。

莫兰迪色
系的绿与
蓝，拥有
艺术气息。

◆（4）冬季穿搭配色。

偶尔尝试粉红色系，增加女人味。

浊秋型人适合搭配灰色系，增加知性的感觉。

黄色系与灰色系的叠穿，温暖又有气质。

3. 不同场合穿搭配色推荐

◆（1）通勤穿搭配色。

有亲和力，让人愿意接近。

沉稳，给人值得信赖的感觉。

◆（2）运动穿搭配色。

低饱和度的黄
与紫，动感有
活力。

率性自然，
凸显气质。

◆（3）宴会穿搭配色。

低饱和度的黄
色系，经典
又不失优雅。

柔和的暖色
系灰色，气
质满分。

◆（4）户外穿搭配色。

柔美中带有
活泼感，与
日常用色形
成反差。

常见的户外
配色，蓝与
绿的搭配，
柔和纯粹。

4. 彩妆和饰品用色推荐

◆（1）彩妆用色推荐。

　　彩妆的颜色以低饱和度的橘色系为主，唇膏和腮红选择亚光质地，也可以尝试低饱和度的粉色、红色和橘色。眼影除了低饱和度的灰色系，还可以试试亚光质地的蓝色系与绿色系。浊秋型人适合淡淡的裸妆，并不适合浓妆，所以在彩妆的用色上，不要进行叠加，浅浅淡淡就很好。因为唇膏和腮红颜色已用粉红色系举例，所以眼影部分强调了其他适合浊秋型人的彩色系。

◆（2）饰品用色推荐。

浊秋型人饰品颜色以黄金色为宜。款式以低调自然为主，不宜太夸张，量感应偏小，可以尝试琥珀、玛瑙这类材质或者颜色的饰品。

九、深秋型人：萧萧梧叶送寒声

1. 深秋型人的色彩印象与衣色推荐

色彩印象： 深秋时节，落叶已融入尘土，目之所及都是深色，光秃的树枝、裸露的树干，都在为入冬做最后的准备，华丽的秋日即将换来磅礴的冬日。

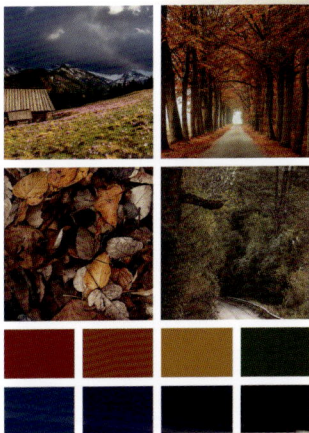

深秋型人用色浓厚、深沉、奢华，呈现高贵、端庄、稳重的气质。

衣色推荐： 深秋型人建议以深棕色系的服饰为主，酒红色、海军蓝色也可以适当应用。低明度、低饱和度的色彩，通常都是比较暗的颜色，在穿搭配色上，比较容易使用。也可以使用深灰色、黑色这类基础色，让整体的穿搭配色更显经典。

2.四季穿搭配色推荐

◆（1）春季穿搭配色。

沉稳中透着张扬，有大女人风范。

绿色系给人安静平和的感觉。

经典的暖色系配色，凸显成熟气质。

◆（2）夏季穿搭配色。

柔情妩媚，低调却依然有华丽的感觉。

慵懒又雅致，尽显深秋型人的温柔。

用深红色配牛仔蓝色，展现出法式优雅感。

◆（3）秋季穿搭配色。

沉稳踏实，让人有安心的感觉。

成熟稳重，给人可信感。

整体以红色系为主的穿搭，温暖明艳。

◆（4）冬季穿搭配色。

经典的配色，尽显深秋型人的高雅气质。

让人印象深刻的蓝灰配色，沉静大气。

神秘的紫色与经典的棕色搭配，时尚又养眼。

3. 不同场合穿搭配色推荐

◆（1）通勤穿搭配色。

展现成熟稳重的魅力。

干练沉稳，深色系增加信赖感。

◆（2）运动穿搭配色。

平静和谐，创造出独特的氛围感。

慵懒松弛的感觉，轻松拿捏。

◆（3）宴会穿搭配色。

低调又时尚，特
点鲜明。● ○

优雅而端庄，
凸显高贵气质。
● ○

◆（4）户外穿搭配色。

橘色打破军
绿色的沉闷，
增加整体造
型的生动感。
● ●

经典的红蓝搭
配，让整体造
型充满活力。
● ●

4. 彩妆和饰品用色推荐

◆（1）彩妆用色推荐。

　　彩妆的颜色以暖色系为主，深秋型人本身肤色偏黄偏深，彩妆应选择比较显色的颜色，适合棕红色的唇膏和腮红，眼影可以选择米色、金色、橄榄色作为主色。注意，彩妆选择亚光质地的效果更好。因为唇膏和腮红颜色已用红色和粉红色系举例，所以眼影部分强调了其他适合深秋型人的彩色系。

◆（2）饰品用色推荐。

　　深秋型人的饰品建议选择黄金色，亚光质地。款式可选量感偏大、高雅华丽的。各大珠宝品牌中，金色系的经典款都可以使用。

十、彩冬型人：六宫粉黛无颜色

1. 彩冬型人的色彩印象与衣色推荐

色彩印象： 绚丽的色彩赋予彩冬独特的魅力，给人留下艳而不俗的印象。圣诞节的红与绿、雪地里的红梅花，鲜艳的色彩点缀寒冷的冬日，让冬日也活泼起来。

彩冬型人用色明艳、性感，清晰、鲜明。光彩夺目，十分耀眼。

衣色推荐： 彩冬型人的服饰建议选择高饱和度的明艳色彩，具体可以参考不同国家的国旗色彩或者运动员的运动服色彩，比如正红色、黄色、绿色、克莱因蓝色等，还可以尝试撞色穿搭。如果想要低调一点，就试试搭配黑色、白色、灰色这类基础色。彩冬型人一定要用高饱和度色彩，哪怕只是点缀，也要在整体的穿搭配色中出现一到两个让人眼前一亮的色彩。

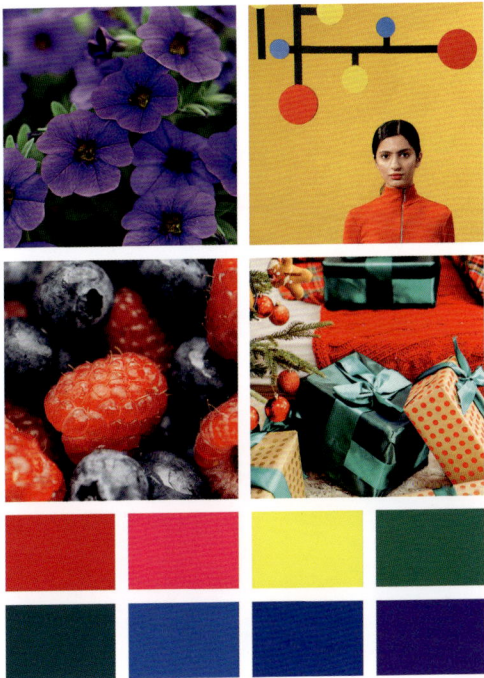

2. 四季穿搭配色推荐

◆（1）春季穿搭配色。

清新减龄，
有少年感。

视觉冲击力十
足，充满活力。

灰色提升玫粉
色的质感，时
尚感加倍。

◆（2）夏季穿搭配色。

时髦优雅的配色，
生机盎然。

明媚中透
露出性感，
有女人味。

纯正的红色凸
显彩冬型人的
张扬与热情。

◆（3）秋季穿搭配色。

活泼靓丽，有层次感。

明亮温暖，活力四射。

强烈的视觉冲击力，凸显个性。

◆（4）冬季穿搭配色。

经典的黑与白，加上纯正的红，展现彩冬型人的酷感。

强烈的色彩对比，突出活力与动感。

低调且高雅，适合冷白肤色的冬季型人。

3. 不同场合穿搭配色推荐

◆ （1）通勤穿搭配色。

海军蓝色是最适合彩冬的通勤色。搭配红色经典减龄。● ●

既时尚又有个性，通勤也很合适。● ●

◆ （2）运动穿搭配色。

清新有活力，展现独特的魅力。● ●

醒目吸睛的配色，使人极具动感。● ●

◆（3）宴会穿搭配色。

衬托肤色，
精致又华丽。

高贵典雅
中不失性
感与妩媚。

◆（4）户外穿搭配色。

温暖与神秘的
碰撞，独特、
惊艳。

足够醒目，
很有个性
的配色。

4. 彩妆和饰品用色推荐

◆（1）彩妆用色推荐。

彩妆以粉紫色系为主，唇膏和腮红可以用红紫色、紫色等鲜艳的色彩，尽量避开橘色系。眼影适合有光泽感的质地，不太适合亚光的单品。因为唇膏和腮红颜色已用粉红色系举例，所以眼影部分强调了其他适合彩冬型人的彩色系。

◆（2）饰品用色推荐。

彩冬型人可以多用钻石类的饰品，钻石的光彩和彩冬型人的明艳交相辉映，非常显气质，也适合量感较大的银色系饰品。除此之外，还可以用蓝色系的宝石或水晶。

十一、清冬型人：天涯霜雪霁寒宵

1. 清冬型人的色彩印象与衣色推荐

色彩印象：清冷的冬日，屋檐上结了厚实的冰柱，透过冰柱看外面的色彩，通透、纯粹。在冰天雪地中，浓郁鲜艳的色彩也被淡化了。

清冬型人用色简洁、清透、纯粹，适合清透有冷感的色彩，能够凸显清冷的气质。

衣色推荐：清冬型人非常适合浅淡的冰色系服饰，这类冰色系往往比浅色系更加通透，视觉上有一种冷冷的感觉。饱和度中等偏高的粉色系、紫色系和蓝色系也可以多多使用。如果想减轻自身的冷感，还可以用红色系和黄色系，但尽量再用一些冷色系去中和，或者是用浅灰、深灰、黑色这类基础色去搭配，能减弱色彩本身的温暖感。

2. 四季穿搭配色推荐

◆（1）春季穿搭配色。

冷黄色可以减淡一些冷感。

白色中和红色的浓烈，整体配色娇而不妖。

清爽的同时极具冷感，凸显个性。

◆（2）夏季穿搭配色。

一组有清凉感的配色，与清冬型人的清冷很匹配。

经典且有少女感的配色。

清冷中带有一丝女性的柔美感。

◆（3）秋季穿搭配色。

与自身的冷感贴合度最高。

用红色系增加整体穿搭配色的温暖感，减弱冷感，更贴合秋天。

大胆的撞色，让个性更加鲜明。

◆（4）冬季穿搭配色。

高雅、极具冷感的一组穿搭配色。

打造出简约又时尚的感觉。

用黄色增加冬日穿搭的温暖感。

3. 不同场合穿搭配色推荐

◆（1）通勤穿搭配色。

给人信赖感，沉
稳可靠。●

清冷中带有干
练的感觉。● ●

◆（2）运动穿搭配色。

撞色让整体配
色更加灵动。● ●

亮丽的色彩
减弱冷感。● ●

◆（3）宴会穿搭配色。

冷艳大气，
气场全开。

清冷的玫
红色让人
印象深刻。

◆（4）户外穿搭配色。

贴合自身的冷感，
提升个人辨识度。

引人注目
的配色，即
使在户外
也很耀眼。

4. 彩妆和饰品用色推荐

◆（1）彩妆用色推荐。

　　彩妆色彩以冷色调的粉色系、紫色系为主，唇膏和腮红可以有淡淡的光泽感。眼影以清冷的冷色调为主，浅灰色系更贴合清冬型人的整体感觉。因为唇膏和腮红颜色已用粉红色系举例，所以眼影部分强调了其他适合清冬型人的彩色系。

◆（2）饰品用色推荐。

　　清冬型人的饰品颜色应以银色系为主，可以用一些带有小钻石的饰品点缀。另外，也可以选择粉色系的宝石或者水晶制品，量感应适中。

十二、深冬型人：疏星映户月流天

1. 深冬型人的色彩印象与衣色推荐

色彩印象：像是深冬时节常青的松柏，色彩暗沉单调；又像是冬日深夜里的星空，黑暗深邃，给人神秘的感觉。

深冬型人用色深沉、鲜明、利落、干练。又冷又酷，气场强大。

衣色推荐：深冬型人建议选择低明度、低饱和度的衣服颜色为主，可以多用海军蓝色、墨绿色、酒红色、紫红色这类颜色。此外也可以用黑色、深灰色、灰褐色这类基础色，让穿搭配色更加日常化。越深重的色彩越能让深冬型人大放光彩。

2. 四季穿搭配色推荐

◆（1）春季穿搭配色。

减龄、时尚，优雅大气。

沉稳内敛，稳重中又有一些华丽感。

又雅致又酷飒的色彩，凸显女性魅力。

◆（2）夏季穿搭配色。

优雅高贵，绿色能减轻夏日的炙热感。

低调内敛，打造浪漫的感觉。

中和强烈的冷调，柔美又有亲和力。

◆（3）秋季穿搭配色。

里面蓝色搭配绿色，协调一致，黑色外套贴合深冬型人的气质。

给人沉着冷静的感觉，红色系有效减轻了清冷感。

有层次感的穿搭色彩，强调高冷气质。

◆（4）冬季穿搭配色。

视觉上和谐统一，给人生动的印象。● ● ●

打造成熟与优雅的风格。● ● ●

稳重中又有女人味，魅力十足。● ● ●

3. 不同场合穿搭配色推荐

◆（1）通勤穿搭配色。

简洁大方，浪漫又理性。● ●

具有商务感的通勤穿搭配色。● ●

◆（2）运动穿搭配色。

有质感的配色，
稳重踏实。

给人专业、
沉稳的印象。

◆（3）宴会穿搭配色。

成熟又有
魅力，衬
托肤色。

深冬型人不
能错过的经
典黑色礼服，
非常显气质。

◆（4）户外穿搭配色。

经典的黑红配色，即使在户外也让人一眼难忘。

冷感加倍，给人很酷的感觉。

4. 彩妆和饰品用色推荐

◆（1）彩妆用色推荐。

彩妆色彩以冷色调的红色系、紫色系为主，唇膏和腮红最好选择深红色或者紫色。眼影可以选择灰色调或者茶色，也可以尝试紫色、蓝色、绿色，尽量规避亚光的质感。因为唇膏和腮红颜色已用粉红色系举例，所以眼影部分强调了其他适合深冬型人的彩色系。

◆（2）饰品用色推荐。

深冬型人适合银色的饰品，有质感的深色翡翠、黑色宝石这类饰品也可以使用。量感可以偏大，但不要过于夸张。大颗钻石也是不错的选择。

第六章

破解
色彩选择困局

通过前文的介绍，相信大家已经对自己所属类型的日常配色有了进一步的了解，但随着色彩越来越多的使用，一些疑问也会随之而来。本章我将结合自己在色彩诊断工作中遇到的常见问题，为大家做一个答疑汇总。虽不能涵盖所有类型，但大家可以通过以下六个问题的破解之道举一反三，让自己在选色、用色时不再迷茫。

问题一：浅春型人如何让黑色衣物摆脱压抑感？

我之前添置了不少黑色衣服，但我是浅春型人，适用色里并没有黑色。怎样才能让这些黑色衣物在我身上显得轻盈不压抑呢？

破解之道： 根据四季型人色彩理论，春季型人和夏季型人通常被认为穿黑色衣服不是特别理想。进一步深入到十二型人的色彩应用中，浅春型人和浅夏型人则更加不适合穿黑色。然而我们时常会遇到需要穿着黑色或深色系服装的场合，这时就可以利用一些巧思，让黑色变得适合自己。

首先，在挑选黑色服装时，要避免选择那些领口紧贴或堆叠在颈部附近的款式，如高领或堆堆领上衣，这会让黑色与面部过于接近，从而产生沉闷的效果。可以选择大 V 领、大圆领、U 形领上衣，或是吊带衫、抹胸裙等，这样可以使脖颈和锁骨部分的皮肤适当露出，让黑色与面部有一定的距离，就不会"压"到面部肤色了。浅春型人还可以通过佩戴一条款式简洁的浅金色项链来进一步提升整体的搭配效果。

其次，面料的选择也很重要，比如蕾丝、雪纺、网纱等材质轻盈的面料，能够为浅春型人和浅夏型人带来更加舒适的视觉效果。避免使用天鹅绒、毛呢等看起来较为厚重的面料，因为这些材质会加重黑色带来的沉闷感。

再次，在款式和面料选择受限的情况下，可以尝试通过减少黑色的使用面积来减轻整体搭配的沉闷感。比如，可以选择有条纹、波点或格纹等元素的黑色连衣裙，既打破了黑色的单一性，又减少了黑色的占比，使整体造型更加轻盈、更加适合浅春型人。

最后，可以使用适合自己色彩的内搭衬衣或假领子，对黑色服装进行"有效分隔"。通过这种方式，让距离面部最近的色彩是最适合自己的，这样不仅能够提升整体的色彩协调性，还能在视觉上提升面部的气色，使整个人显得神采奕奕。

问题二：四季十二型人如何巧用黑色？

黑色是经典且百搭的色彩，它能够与多种颜色和风格相融合，展现出不同的魅力。四季十二型人中的哪种类型都可能会有使用黑色的场合，那么对于那些不适合的人如何巧妙运用而不显突兀呢？

破解之道：首先要了解自己所在的季节类型中，哪些色彩最适合自己。浅春型人、亮春型人、彩春型人以及浅夏型人、浊夏型人、亮夏型人，相对来说都不是很适合黑色，这时候可以让适合自己的色彩作为主体色，黑色作为点缀色。而浓秋型人、浊秋型人、深秋型人以及彩冬型人、清冬型人、深冬型人，相对来说比较适合黑色，就可以选择黑色作为主体色，其他色彩作为点缀色，或者和黑色拼色使用。

这里给大家推荐一组四季十二型人适用色与黑色的配色方案，希望可以起到抛砖引玉的作用。

浅春 —— 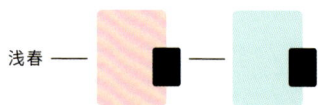　　浅夏 ——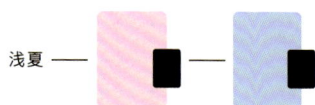

亮春 —— 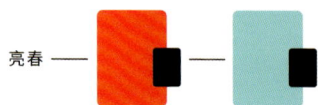　　浊夏 ——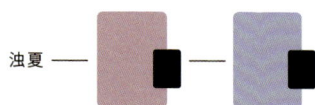

彩春 —— 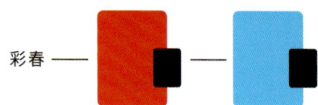　　亮夏 ——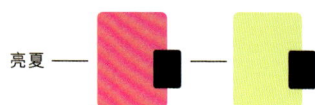

浓秋 —— 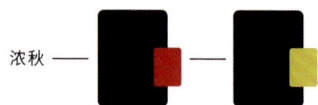　　彩冬 ——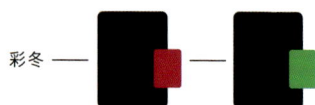

浊秋 —— 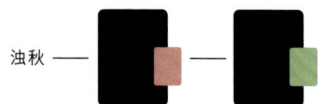　　清冬 ——

深秋 —— 　　深冬 ——

问题三：浊秋型人如何搭配浅米色大衣及浅色系夏装？

　　我是浊秋型人，拥有一件浅米色的大衣，但总觉得它并不适合我。在日常生活中，我应该如何搭配这件大衣呢？作为一个典型的秋季型人，我的夏季衣橱里有许多浅色系的服装，那么我应该如何巧妙地将它们搭配起来，展现出最佳的穿着效果呢？

　　破解之道：首先我们要知道，浅米色是一种高明度、低饱和度的色彩，对于浊秋型人来说，大面积使用这种颜色确实不太合适。然而，如果你特别喜欢浅米色的大衣，可以搭配一条色彩饱和度低的围巾来巧妙地化解这个问题。围巾的色彩与面部色彩相融合，可以让气色看起来更加红润和健康。这样，浅米色对面部色彩的负面影响就会被大大减弱。

其次，对于秋季型人而言，夏天同样可以尝试穿浅色系的衣服。与秋冬季节的搭配类似，你可以在肩上系一件防晒衣或者针织开衫，这样不仅能增添层次感，还能避免整体造型显得过于轻飘。这种穿搭能让你在夏日里既保持凉爽，又不失时尚感。

同理，其他类型的人若遇到那些不适合自己色彩类型的服装，都可以通过巧妙地使用围巾、丝巾、帽子、鞋包等配饰来补救。这些配饰能够有效地吸引人们的注意力，让他们的视线集中到那些适合自己色彩的单品上，从而减轻那些不适合色彩的视觉冲击力。通过这种方式，我们可以在保持个人风格的同时，巧妙地规避色彩使用上的不足。

问题四：亮春型与亮夏型适用色都合适，如何确定自己的类型？

我在尝试了亮春型人适用的明亮色彩之后，感觉效果非常好，但当我穿上亮夏型人适用的明亮色彩时，也觉得非常适合。这让我有些困惑，我究竟属于亮春型人还是亮夏型人呢？

破解之道： 如果你发现亮春型人适用色和亮夏型人适用色都适合自己，那么就证明你适合明度偏高、饱和度偏高的色彩。要找到自己所属的类型，首先要辨别自己肤色的冷暖色调，然后确定自己是暖调春季型人还是冷调夏季型人，如果你是春季型人，那么你就是亮春型人，如果你是夏季型人，那么你就是亮夏型人。

问题五：不同理论分类有差异，如何确定哪种分类正确？

在某位博主的分析中，我属于柔冬型人，然而在您所讲解的四季十二型人理论中，我却被归类为浊夏型人。在您的分类体系中，并没有柔冬型这一类型，这让我感到有些困惑。我想知道，为什么会出现这样的差异呢？

破解之道： 四季色彩理论在当今社会已经得到了广泛的理解和认可，对于这一理论所描述的人的外貌特征和用色特征方面并没有太大的分歧。然而，四季色彩理论所衍生出的四季十二型色彩理论，甚至更多型色彩理论，目前并没有形成一个统一的理论体系，仍然处于各种观点和理论并存、百家争鸣的状态。因此，建议大家选择那些自己能够看懂并且能够理解的理论，否则容易在学习和应用过程中产生混淆。

从四季型人的角度来看，冬季型人的外貌和用色特征都不会是"柔"的。他们的肤色通常是冷色调的，外貌特征鲜明且具有强烈的个性。而那些肤色是冷色调、外貌柔和、用色特征也柔和的人，则可以被归类为夏季型人。在四季型人判定这个环节，需要大家仔细辨别，确定自己到底是"冬"还是"夏"。通过观察自己的皮肤、头发和眼睛的颜色，以及适用的色彩，可以更准确地判断自己属于哪一个季节类型。

我对四季十二型色彩的命名，更侧重于强调每个类型的用色特征，目的是让人们听起来更容易理解和接受。例如亮春、亮夏，这样的命名可以让人一下就感受到这些类型的用色是明亮且艳丽的；而浊夏、浊秋这样的命名，则体现出这些类型的人擅长使用浊色的特点；至于清冬，从名字上就能感受到，这类人的用色比彩冬、深冬更为清爽。通过这些直观的命名方式，大家可以更快速地把握不同类型人的用色精髓。

问题六：某种类型的人能否通过改变妆容和发色转变成其他类型的人？

我知道夏季型人包含浅夏型人、亮夏型人和浊夏型人三种类型，作为其中的浅夏型人，我很想通过改变妆容、发色，将自己改造成亮夏型人或者浊夏型人，这是否可以做到呢？

破解之道：在每个季节类型中，都存在着三种不同的类型，而这些类型之间是可以通过调整妆容和发色来实现转换的。

以浅夏型人为例，如果想转变成亮夏型人，那么可以通过提升整体妆容的亮度，打造出如水光般晶莹剔透的肌肤，并且加深妆容的颜色以及发色，营造更加鲜明的视觉效果来实现。如果想变成浊夏型人，则可以选择使用亚光效果的底妆产品，这样可以减少面部的光泽感，营造出一种更加柔和、自然的妆效。

同样的方法也适用于其他季节类型，大家可以在自己所属的季节类型中自由切换，尝试不同的风格。尽管这种转换是可行的，但最终最适合自己的类型才是最能体现个人特色的。

第七章

四季十二型人
色彩穿搭实例

　　找到自己专属色的用色范围之后，你会发现选择衣服色彩这件事变得非常简单。这里给大家分享一些按照四季十二型人分类的色彩穿搭实例，希望可以对你有所启发。

浅春型人　穿搭配色实际应用

亮春型人　穿搭配色实际应用

彩春型人　穿搭配色实际应用

浅夏型人　穿搭配色实际应用

浊夏型人 穿搭配色实际应用

亮夏型人 穿搭配色实际应用

浓秋型人　穿搭配色实际应用

浊秋型人 穿搭配色实际应用

深秋型人 穿搭配色实际应用

彩冬型人 穿搭配色实际应用

清冬型人　穿搭配色实际应用

深冬型人 穿搭配色实际应用